西门子 S7-1200
PLC 控制系统编程与调试

主　编　谢海洋　胡鹏昌
副主编　姜　伟　杨　驰　王奕飞
　　　　李美萱　李鑫垚

北京理工大学出版社
BEIJING INSTITUTE OF TECHNOLOGY PRESS

内 容 简 介

本书是一本面向职业教育和工程实践的高质量教材，旨在帮助学生和工程技术人员系统掌握西门子 S7-1200 PLC 的编程与应用技术。教材内容以实际工程应用为导向，紧密结合行业最新技术标准，内容全面且系统，紧跟行业需求，教学方法新颖，适用性强。本书适合高等院校、高职高专院校电气自动化技术、机电一体化技术、智能控制技术等专业的学生使用，也适合自动化工程师、电气工程师等工程技术人员参考。

图书在版编目（CIP）数据

西门子 S7-1200 PLC 控制系统编程与调试／谢海洋，
胡鹏昌主编 . -- 北京：北京理工大学出版社，2025.6.
ISBN 978-7-5763-5541-3

Ⅰ . TM571. 61

中国国家版本馆 CIP 数据核字第 2025A0W407 号

责任编辑： 张　瑾		**文案编辑：** 张　瑾	
责任校对： 周瑞红		**责任印制：** 李志强	

出版发行 ／ 北京理工大学出版社有限责任公司
社　　址 ／ 北京市丰台区四合庄路 6 号
邮　　编 ／ 100070
电　　话 ／ （010）68914026（教材售后服务热线）
　　　　　　　（010）63726648（课件资源服务热线）
网　　址 ／ http://www.bitpress.com.cn

版 印 次 ／ 2025 年 6 月第 1 版第 1 次印刷
印　　刷 ／ 河北盛世彩捷印刷有限公司
开　　本 ／ 787 mm×1092 mm　1/16
印　　张 ／ 18
字　　数 ／ 427 千字
定　　价 ／ 86. 80 元

本书使用说明

培养目标

针对目前不断变化的劳动环境，规范的教育可以传授符合要求、进行职业活动所必需的职业技能、知识和能力。双元制职业教育以培养职业行为能力为本位，增强学生解决问题的能力，在注重综合职业能力培养的同时，强调关键能力的培养，为企业提供既符合其需求，又具有较强技术理论基础、实践技能和应用能力，服务于生产管理第一线的应用型人才。

本书素养谱系设计如下：

序号	素质养成	相关内容	素养目标	备注（视频文件）
1	科技报国、自主创新、技术安全	中控技术企业在工业控制领域如何突破技术封锁，保障国家工业安全	增强学生的民族自豪感，树立科技报国的使命感，理解核心技术自主可控的重要性	
2	职业伦理、安全生产、责任意识	工业事故案例	强化学生的职业责任感，培养严谨细致的工作作风，树立"技术为人类福祉服务"的价值观	
3	工匠精神、团队协作、精益求精	介绍大国工匠事迹	培养学生精益求精的工匠精神，增强团队协作能力，理解制造业高质量发展的时代需求	
4	生态文明、节能环保、技术向善	展示某工厂通过 PLC 优化能源管理系统后，能耗降低 30% 的案例	引导学生关注技术的社会价值，树立绿色发展的理念，培养用技术解决生态问题的意识	

实施方法

"育人为本，德育为先"，双元制职业教育渗透了以人为本的思想，着重培养学生的学习能力和学习习惯，强调学生职业习惯的养成和综合职业能力的培养，着力培养学生形成终身学习的理念。

实施行动导向教学方法，使学生在未来的职业生涯中能够独立制订工作计划，并且能够独立实施和评价该计划。行动导向法，以"为行动而学习，通过行动来学习，行动即学习"为指导思想，打破传统的学科体系，按照职业工作过程来确定学习领域、设置学习情境、开展教学活动。教学内容以职业活动为核心，注重学科间的横向联系，遵循"实践在前，知识在后"的原则，让学生先在做中学，然后在学中做，先知其然，再知其所以然。通过学习接近实际工作过程的案例或项目，以学生为中心、教师进行辅导、小组学习的形式进行教学，强调学习过程中的合作与交流，引导学生进行探究式、发现式的学习，锻炼和提高解决实际问题的综合能力，使学生的个性发展全面而富有特色。行动导向法，一方面，运用理论来指导实践，强调理论必须在实践中得到验证，并通过实践加深对理论的理解；另一方面，课程内容突出"必须够用"的原则和"学以致用"的实用性，督促学生反复练习，以达到符合要求的程度。

教学过程

信息收集

学生通过了解与学习任务相关的各项要求，结合自己所学的专业知识，独立对这些信息进行收集、整理、分析。

制订计划

学生按照教学目标的要求独立制订工作计划。该计划包括工作步骤、工作时间、人员分配、检验措施等。

做出决策

以小组为单位，组织学生对各自的工作计划进行讨论，确定可行的执行方案。

实施任务

在教师的监督下，学生根据小组事先讨论确定的执行方案，按照分工完成各自的任务。

检测评估

学生在教师的引导下对任务的执行过程进行全面的检测评估。

项目交付

在任务完成后，由教师组织学生对学习任务进行总结，并在此基础上得到反馈信息，从而改进教学过程。

评价方式

评价分为过程评价和结果评价。

过程评价

教师根据学生的操作过程给出相应的评估分数，主要针对操作的规范及安全要求。

结果评价

结果评价分为自评与教师评价，要求具有专业正确性，重视质量与实际生产的需求。

评价目的

评价目的是使学生更好地承担工作，激发他们学习职业知识、技能的意愿。

前　言

随着智能制造技术的发展，以可编程控制器（Programmable Logic Controller，PLC）、变频器调速、计算机通信、工业视觉、工业机器人和组态软件等技术为主体的智能制造控制系统已经逐渐取代传统的自动化控制系统，并广泛应用于各行业。德国的西门子（SIEMENS）公司是欧洲最大的电子和电气设备制造商之一，其生产的西门子自动化（SIMATIC）PLC 在欧洲处于领先地位。西门子自动化 PLC 具有卓越的性能，因此在工控市场中占有非常大的份额，应用十分广泛。S7-1200 PLC 是西门子公司于 2009 年推出的一款功能较强的小型 PLC，除了包含许多创新技术外，还设定了新标准，极大地提高了工程效率。

本书以学生为主体，提倡行动导向教学方法。这种教学方法将课堂还给学生，以完成项目为目标，通过项目这一载体，使学生在完成项目的过程中掌握相关知识和技能。本书结合编者多年在莱茵科斯特双跨培训中心的经验，以学生自我学习为导向，以"资料页"为呈现形式，体现"六步教学法"的教学过程。

本书的特色是以学生自我学习为导向。全书所有工作任务都是以"六步教学法"的形式展开的，学生需要按信息收集、制订计划、做出决策、实施任务、检测评估、项目交付这六步完成一个工作任务，只有完成了前一步工作内容，才可以进行下一步的工作。工作任务最后要求进行检测评估与项目交付，学生可以通过每一次任务发现自己的不足之处，以便在下一次工作任务中有针对性地加强训练。

本书共有 15 个实训项目，第一个实训项目是通过触点与线圈、置位与复位指令实现知识竞赛抢答器的功能；第二个实训项目是通过定时器指令实现物料输送带控制系统；第三个实训项目是通过计数器指令实现停车场流量控制系统；第四个实训项目是通过移动、比较、定时器指令实现十字路口交通信号灯控制系统；第五个实训项目是通过边沿触发、转换、四则运算等指令实现饮料自动售货机的功能；第六个实训项目是通过左移、右移、传送、四则运算等指令实现天塔之光控制系统；第七个实训项目是通过位逻辑、定时器指令实现三层电梯控制系统；第八个实训项目是通过顺序控制编程法实现汽车自动清洗机的功能；第九个实训项目是通过顺序控制编程法实现带料斗的钻床控制系统；第十个实训项目是通过顺序控制编程法实现混装线控制系统；第十一个实训项目是通过参数化函数（FC）实现水箱进排水控制系统；第十二个实训项目是通过参数化函数块（FB）实现工厂自动供水控制系统；第十三个实训项目是通过在同一项目下做智能输入和输出（Input/Ouput，I/O）通信实现物料多段输送系统工作站异地操控；第十四个实训项目是通过在不同项目下做智能 I/O 通信实现自动化产线多站数据监控系统；第十五个实训项目是通过西门子 S7 连接方式实现厂房通风多站控制系统。

本书由辽宁机电职业技术学院谢海洋联合山东莱茵科斯特智能科技有限公司胡鹏昌担任主编，其中入门指南、项目1、项目2、项目3、项目15由谢海洋编写，项目13、项目14由胡鹏昌编写，项目4、项目5由姜伟编写、项目6、项目7由杨驰编写，项目8、项目9由王奕飞编写，项目10、项目11由李美萱编写，项目12由李鑫垚编写。本书由谢海洋负责统稿工作。

由于编者水平有限，不足之处在所难免，敬请读者批评指正，编者将万分感激。

编　者

目　录

西门子 S7-1200 PLC 入门指南 ···································· 1

【学习目标】 ···································· 1

【建议学时】 ···································· 1

【学习内容】 ···································· 1

  一、产品概述 ···································· 1

  二、硬件介绍 ···································· 2

  三、硬件接线 ···································· 4

  四、硬件组成 ···································· 4

  五、PLC 的工作原理 ···································· 10

  六、设备组态 ···································· 11

  七、数据类型 ···································· 23

  八、直接寻址 ···································· 24

  九、变量建立与监控 ···································· 27

  十、示例程序创建 ···································· 30

实训项目一　知识竞赛抢答器 ···································· 34

【学习目标】 ···································· 34

【建议学时】 ···································· 34

【情景描述】 ···································· 34

【项目实施】 ···································· 35

  一、信息收集 ···································· 35

  二、制订计划 ···································· 44

  三、做出决策 ···································· 45

  四、实施任务 ···································· 46

  五、检测评估 ···································· 48

  六、项目交付 ···································· 50

  资料页 ···································· 51

实训项目二　物料输送带控制系统 ···································· 55

【学习目标】 ···································· 55

【建议学时】 ···································· 55

【情景描述】 ……………………………………………………………………… 55
【项目实施】 ……………………………………………………………………… 56
　　一、信息收集 ……………………………………………………………… 56
　　二、制订计划 ……………………………………………………………… 62
　　三、做出决策 ……………………………………………………………… 63
　　四、实施任务 ……………………………………………………………… 64
　　五、检测评估 ……………………………………………………………… 66
　　六、项目交付 ……………………………………………………………… 68
　　资料页 …………………………………………………………………… 69

实训项目三　停车场流量控制系统 …………………………………………… 72
【学习目标】 ……………………………………………………………………… 72
【建议学时】 ……………………………………………………………………… 72
【情景描述】 ……………………………………………………………………… 72
【项目实施】 ……………………………………………………………………… 73
　　一、信息收集 ……………………………………………………………… 73
　　二、制订计划 ……………………………………………………………… 78
　　三、做出决策 ……………………………………………………………… 79
　　四、实施任务 ……………………………………………………………… 80
　　五、检测评估 ……………………………………………………………… 82
　　六、项目交付 ……………………………………………………………… 84
　　资料页 …………………………………………………………………… 85

实训项目四　十字路口交通信号灯控制系统 ……………………………… 88
【学习目标】 ……………………………………………………………………… 88
【建议学时】 ……………………………………………………………………… 88
【情景描述】 ……………………………………………………………………… 88
【项目实施】 ……………………………………………………………………… 89
　　一、信息收集 ……………………………………………………………… 89
　　二、制订计划 ……………………………………………………………… 94
　　三、做出决策 ……………………………………………………………… 95
　　四、实施任务 ……………………………………………………………… 96
　　五、检测评估 ……………………………………………………………… 98
　　六、项目交付 ……………………………………………………………… 100
　　资料页 …………………………………………………………………… 101

实训项目五　饮料自动售货机 …………………………………………… 103
【学习目标】 ……………………………………………………………………… 103
【建议学时】 ……………………………………………………………………… 103
【情景描述】 ……………………………………………………………………… 103

【项目实施】 104
　　一、信息收集 104
　　二、制订计划 109
　　三、做出决策 110
　　四、实施任务 111
　　五、检测评估 113
　　六、项目交付 115
　　资料页 116

实训项目六　天塔之光控制系统 120
【学习目标】 120
【建议学时】 120
【情景描述】 120
【项目实施】 121
　　一、信息收集 121
　　二、制订计划 125
　　三、做出决策 126
　　四、实施任务 127
　　五、检测评估 129
　　六、项目交付 131
　　资料页 132

实训项目七　三层电梯控制系统 135
【学习目标】 135
【建议学时】 135
【情景描述】 135
【项目实施】 136
　　一、信息收集 136
　　二、制订计划 139
　　三、做出决策 140
　　四、实施任务 141
　　五、检测评估 143
　　六、项目交付 145

实训项目八　汽车自动清洗机 146
【学习目标】 146
【建议学时】 146
【情景描述】 146
【项目实施】 147
　　一、信息收集 147

二、制订计划 ………………………………………………… 150

三、做出决策 ………………………………………………… 151

四、实施任务 ………………………………………………… 152

五、检测评估 ………………………………………………… 154

六、项目交付 ………………………………………………… 156

资料页 ………………………………………………………… 157

实训项目九　带料斗的钻床控制系统 ……………………… 163

【学习目标】 ………………………………………………… 163

【建议学时】 ………………………………………………… 163

【情景描述】 ………………………………………………… 163

【项目实施】 ………………………………………………… 164

一、信息收集 ………………………………………………… 164

二、制订计划 ………………………………………………… 167

三、做出决策 ………………………………………………… 168

四、实施任务 ………………………………………………… 169

五、检测评估 ………………………………………………… 172

六、项目交付 ………………………………………………… 174

实训项目十　混装线控制系统 ……………………………… 175

【学习目标】 ………………………………………………… 175

【建议学时】 ………………………………………………… 175

【情景描述】 ………………………………………………… 175

【项目实施】 ………………………………………………… 176

一、信息收集 ………………………………………………… 176

二、制订计划 ………………………………………………… 179

三、做出决策 ………………………………………………… 180

四、实施任务 ………………………………………………… 181

五、检测评估 ………………………………………………… 184

六、项目交付 ………………………………………………… 186

实训项目十一　水箱进排水控制系统 ……………………… 187

【学习目标】 ………………………………………………… 187

【建议学时】 ………………………………………………… 187

【情景描述】 ………………………………………………… 187

【项目实施】 ………………………………………………… 188

一、信息收集 ………………………………………………… 188

二、制订计划 ………………………………………………… 192

三、做出决策 ………………………………………………… 193

四、实施任务 ………………………………………………… 194

　　五、检测评估 ………………………………………………………… 196

　　六、项目交付 ………………………………………………………… 198

　　资料页 ……………………………………………………………… 199

实训项目十二　工厂自动供水控制系统 ……………………………… 206

【学习目标】 ………………………………………………………… 206

【建议学时】 ………………………………………………………… 206

【情景描述】 ………………………………………………………… 206

【项目实施】 ………………………………………………………… 207

　　一、信息收集 ………………………………………………………… 207

　　二、制订计划 ………………………………………………………… 211

　　三、做出决策 ………………………………………………………… 212

　　四、实施任务 ………………………………………………………… 213

　　五、检测评估 ………………………………………………………… 216

　　六、项目交付 ………………………………………………………… 218

　　资料页 ……………………………………………………………… 219

实训项目十三　物料多段输送系统工作站异地操控 ………………… 224

【学习目标】 ………………………………………………………… 224

【建议学时】 ………………………………………………………… 224

【情景描述】 ………………………………………………………… 224

【项目实施】 ………………………………………………………… 225

　　一、信息收集 ………………………………………………………… 225

　　二、制订计划 ………………………………………………………… 230

　　三、做出决策 ………………………………………………………… 231

　　四、实施任务 ………………………………………………………… 232

　　五、检测评估 ………………………………………………………… 234

　　六、项目交付 ………………………………………………………… 236

　　资料页 ……………………………………………………………… 237

实训项目十四　自动化生产线多站数据监控系统 …………………… 240

【学习目标】 ………………………………………………………… 240

【建议学时】 ………………………………………………………… 240

【情景描述】 ………………………………………………………… 240

【项目实施】 ………………………………………………………… 242

　　一、信息收集 ………………………………………………………… 242

　　二、制订计划 ………………………………………………………… 244

　　三、做出决策 ………………………………………………………… 245

　　四、实施任务 ………………………………………………………… 246

　　五、检测评估 ………………………………………………………… 248

六、项目交付 …………………………………………………………… 251

资料页 ………………………………………………………………… 252

实训项目十五　厂房通风多站控制系统 ………………………… 256

【学习目标】 …………………………………………………………… 256

【建议学时】 …………………………………………………………… 256

【情景描述】 …………………………………………………………… 256

【项目实施】 …………………………………………………………… 257

一、信息收集 ………………………………………………………… 257

二、制订计划 ………………………………………………………… 261

三、做出决策 ………………………………………………………… 262

四、实施任务 ………………………………………………………… 263

五、检测评估 ………………………………………………………… 265

六、项目交付 ………………………………………………………… 267

资料页 ………………………………………………………………… 268

西门子 S7-1200 PLC 入门指南

【学习目标】

（1）清楚西门子 S7-1200 PLC 的硬件。
（2）掌握 PLC 的工作原理。
（3）掌握博途软件（TIA Portal）使用入门。

【建议学时】

8 学时。

【学习内容】

一、产品概述

（一）西门子 S7-1200 PLC

西门子 S7-1200 PLC（SIEMENS S7-1200 PLC，简称 S7-1200）是一款可编程控制器（Programmable Logic Controller，PLC），可以控制各种自动化应用。S7-1200 设计紧凑、成本低廉，且具有功能强大的指令集，这些特点使它成为控制各种应用的完美解决方案。S7-1200 和基于 Windows 操作系统的编程工具提供了解决自动化问题时需要的灵活性。

S7-1200 与新型西门子自动化人机界面（SIMATIC Human Machine Interface，SIMATIC HMI）的完美匹配，确保自动化任务特别高效、易于开发和调试。

TIA Portal 用于 S7-1200 的工程系统，具有直观的处理特性。

（二）S7-1200 的硬件组成

S7-1200 是西门子 S7 系列 PLC 中的新型模块化微型 PLC，其组成如下。

（1）控制器，带有基于以太网技术的集成自动化总线标准（PROFINET）接口，用于编程设备、HMI 或其他 SIMATIC 控制器之间的通信。

（2）信号板，可直接插入控制器。

（3）信号模块（Signal Module，SM），用于扩展控制器输入和输出（Input/Output，I/O）通道。

**S7-1200 CPU
家族及模块**

（4）通信模块，用于扩展控制器通信接口。

（5）附件，如电源、开关模块、电池板和 SIMATIC 存储卡。

（三）S7-1200 的特性

S7-1200 的显著特性概述如下。

（1）集成 PROFINET 接口。

（2）以宽幅交流电（AC）或直流电（DC）电源形式集成的电源（85～264 V AC 或 24 V DC）。

S7-1200 的
功能与特点

（3）集成数字量输出 24 V DC 或继电器输出。

（4）集成数字量输入 24 V DC。

（5）集成模拟量输入 0～10 V。

（6）频率高达 100 kHz 的脉冲序列输出（Pulse Train Output，PTO）。

（7）频率高达 100 kHz 的脉宽调制（Pulse Width Modulation，PWM）输出。

（8）频率高达 100 kHz 的高速计数器（High Speed Counter，HSC）。

（9）通过连接附加通信模块（如 RS485 或 RS232）实现了模块化和可裁剪性。

（10）通过信号板直接在中央处理器（CPU）上扩展模拟量或数字量信号实现了模块化和可裁剪性（同时保持 CPU 原有空间）。

（11）通过 SM 的大量模拟量及数字量 I/O 信号实现模块化和可裁剪性（CPU 1211C 除外）。

（12）可外部装载容量不同的存储器（SIMATIC 存储卡）。

（13）全球自动化组织 PLCopen 制定的用于 PLC 编程的标准化体系结构运动控制，用于简单的运动控制。

（14）带自整定功能的 PID 控制器。

（15）集成实时时钟。

（16）密码保护。

（17）时间中断。

（18）硬件中断。

（19）库功能。

（20）在线/离线诊断。

（21）所有模块上的端子都可拆卸。

二、硬件介绍

（一）硬件组成

S7-1200 硬件组成外观如图 0-1 所示。

（二）扩展方式

S7-1200 PLC 右边最多可拓展 8 个模块，左边可拓展 3 个模块，其中 CPU 1214C/1215C/1217C 最多允许连接 8 个模块，I/O 模块连接在 CPU 右侧，CPU 1212C 最多允许连接 2 个模块，CPU 1211C 无法连接 I/O 模块。CM 为通信模块，CP 为通信处理器，SM 为数字或模拟 I/O 的信号模块，如图 0-2 所示。

电源接口

盖板下的存储卡插槽

盖板下的可插拔接线端子

集成 I/O 的 LED 状态灯

PROFINET 接口

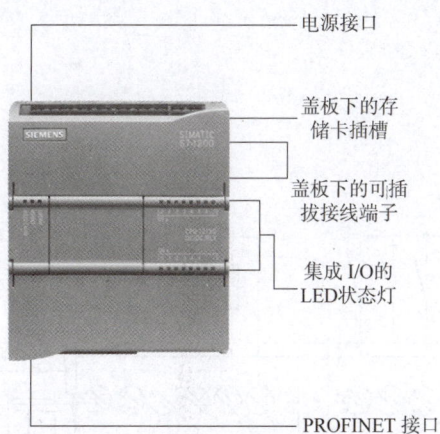

图 0-1　S7-1200 硬件组成外观

CM/CP① CPU SM

1 Board

CPU 1211C

CPU 1212C

CPU 1214C/1215C/1217C

图 0-2　S7-1200 最大扩展模块

①CM 为通信模块；CP 为通信处理器模块

（三）安装方式

SM 安装示意如图 0-3 所示。

安装

1. 移除背板总线盖板；
2. 插入SM 到标准安装导轨上；
3. 推动SM 到毗邻模块；
4. 锁定标准导轨安装夹；
5. 推动用于连接总线连接器的闩至左侧，使总线插针连接到毗邻模块

移除

1. 推动闩到右侧，松开总线连接器连接；
2. 向右沿着标准导轨移动SM；
3. 解锁标准导轨安装夹；
4. 从标准安装导轨上移除SM

图 0-3　SM 安装示意

三、硬件接线

（一）CPU 1215C DC/DC/DC 接线图

CPU 1215C DC/DC/DC 接线图如图 0-4 所示。

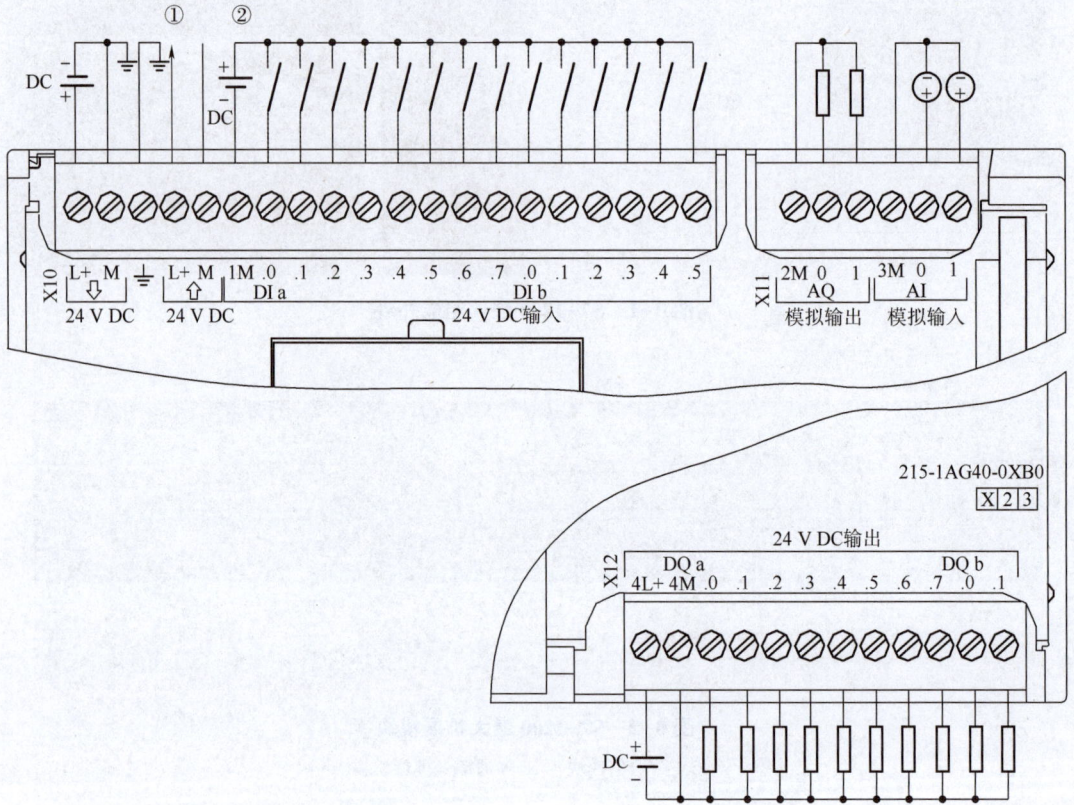

图 0-4　CPU 1215C DC/DC/DC 接线图

①表示 24 V DC 传感器电源；②表示对于漏型输入将"−"连接到 M 端（见图 0-4），对于源型输入将"+"连接到 M 端

（二）SM 1223 数字量 I/O 接线图

SM 1223 数字量 I/O 接线图如图 0-5 所示。

四、硬件组成

PLC 是一种以微处理器为核心的专用于工业控制的特殊计算机，其硬件配置与一般微型计算机类似。虽然 PLC 的具体结构多种多样，但其基本结构相同，主要组成部分为 CPU、存储器、I/O 单元、电源、通信接口、I/O 扩展接口和其他元件。

PLC 硬件组成结构如图 0-6 所示，PLC 控制系统组成如图 0-7 所示。

（一）CPU

与一般的计算机控制系统相同，CPU 是 PLC 的控制中枢。PLC 在 CPU 的控制下有条不紊地协调工作，实现对现场各个设备的控制。CPU 的主要任务如下。

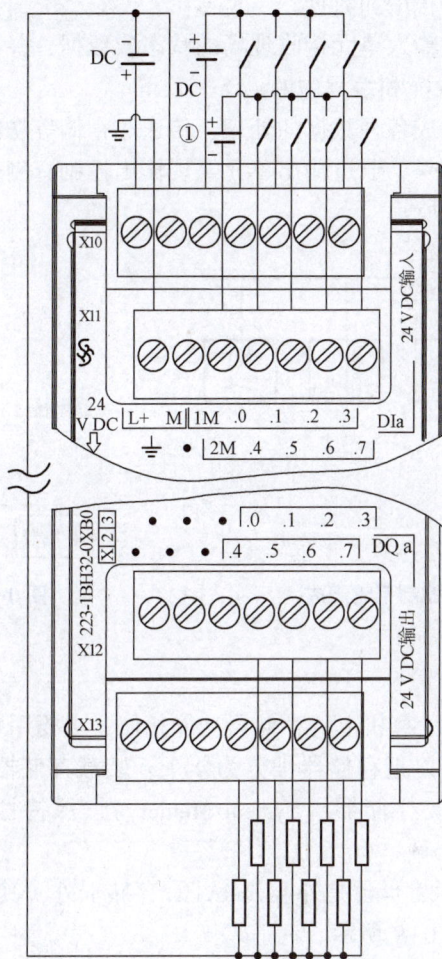

图 0-5 SM 1223 数字量 I/O 接线图

①对于漏型输入，将"−"连接到"M"；对于源型输入，将"+"连接到"M"

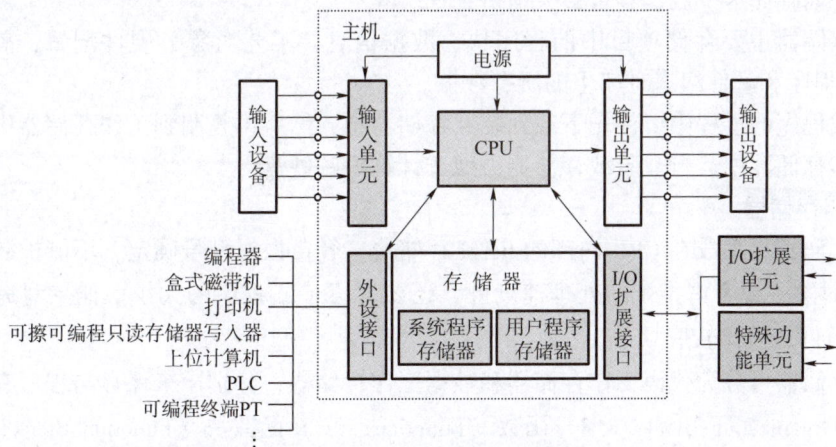

图 0-6 PLC 硬件组成结构

（1）接收与存储用户的程序和数据。

（2）以扫描的方式通过输入单元接收现场的状态或数据，并存入相应的数据区。

（3）诊断 PLC 的硬件故障和编程中的语法错误等。

（4）执行用户程序，完成各种数据的处理、传送和存储等功能。

（5）根据数据处理的结果，通过输出单元实现输出控制、制表打印或数据通信等功能。

PLC 核心组成如图 0-8 所示。

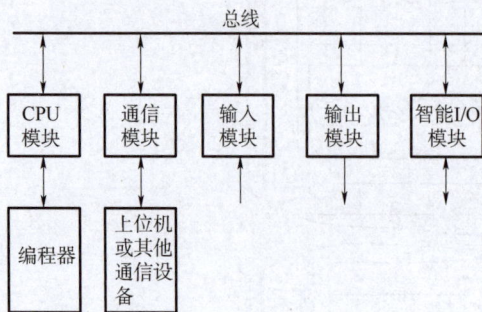

图 0-7　PLC 控制系统组成

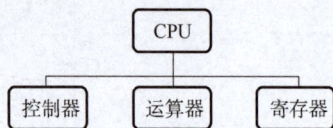

图 0-8　PLC 核心组成

（二）存储器

PLC 上的存储器与个人计算机上的存储器功能相似，主要用来存储系统程序、用户的程序和数据。根据功能不同可以把存储器细分为 4 个：装载存储器（Load Memory）、工作存储器（Work Memory）、系统存储器（System Memory）、保持性存储器（Retentive Memory）。

上面 4 个存储器除了装载存储器是外插 SIMATIC 存储卡外，其他都是 CPU 内部集成的存储器。存储器组成示意如图 0-9 所示。

1. 装载存储器

在 S7-300/400 系列 PLC 中，装载存储器也是多媒体卡（Multimedia Card，MMC），该卡是快闪存储器（Flash Memory），断电后信息不会丢失。对于 S7-1200 CPU 的装载存储器，可以通过外插存储卡扩展，容量最大支持到 32 GB。

装载存储器主要存储项目中的程序块、数据信息、工艺对象、硬件配置，就是用 TIA Portal 编写程序和硬件组态时产生的所有数据。

在下载程序的过程中，首先下载到装载存储器中，然后再复制到工作存储器中，程序和数据在工作存储器中运行。装载存储器类似于计算机的硬盘。

2. 工作存储器

工作存储器是集成在 CPU 内部的 RAM 存储器，容量根据型号确定，不能扩展，所以在选择 CPU 时除了要考虑指令的处理速度外，还要考虑最终程序的大小。如果写完程序发现 CPU 没法运行，就比较麻烦了。

工作存储器可分为代码工作存储器和数据工作存储器，分别用来保存与程序有关的代码［组织块（Organization Block，OB）/函数（Function，FC）/函数块（Function Block，FB）］和数据块（Data Block，DB）。

工作存储器类似于个人计算机中的内存条，断电时数据丢失，恢复供电时 CPU 会从装载存储器中复制数据到工作存储器。

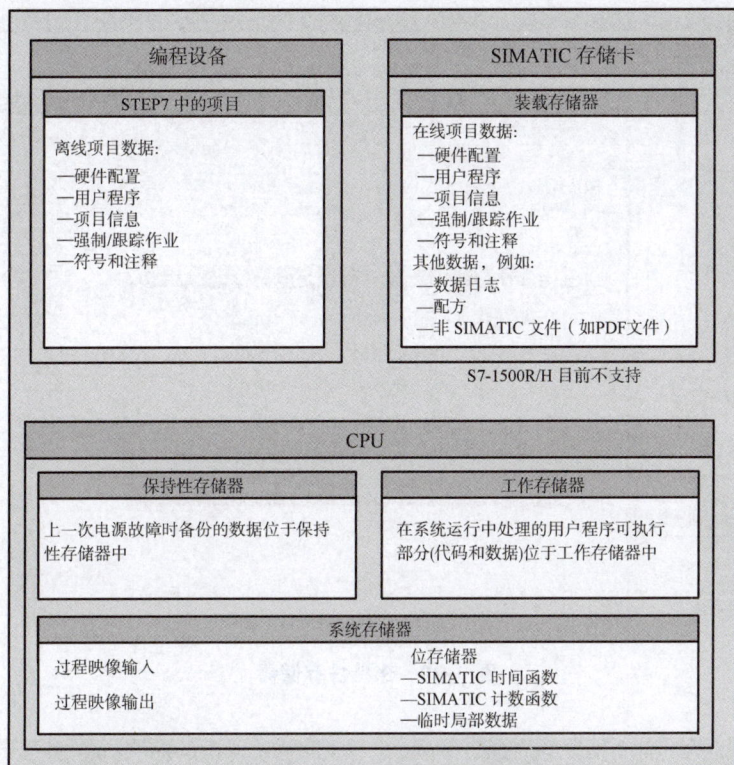

图 0-9　存储器组成示意

3. 系统存储器

系统存储器与工作存储器一样，都是集成在 CPU 内部的 RAM 存储器，断电时，数据丢失，容量不能扩展。系统存储器主要包括输入过程映像区（I 区）、输出过程映像区（Q 区）、位存储区（M 区）、定时器区（T 区）、计数器区（C 区）、局部数据区（L 区）、I/O 外设存储区。

系统存储器是 CPU 系统运行时用来处理数据的，编程时很少操作系统存储器。

4. 保持性存储器

保持性存储器是集成在 CPU 内部的非易失存储器，通过参数设置可以使一部分数据断电时不丢失。

M 区、T 区、C 区和 DB 内的数据，默认情况下断电会复位，可通过参数设置成可保持状态，这样在断电时数据就会保存到保持性存储器中。保持性存储器如图 0-10 所示，保持性存储器 DB 的设置如图 0-11 所示。

5. 查看存储器

这些存储器在 TIA Portal 中，可以通过项目树的"程序信息"查看相关信息。在"资源"选项卡中，能显示存储器总空间大小和已分配存储空间的信息。对于 S7-1200 CPU，可在下拉列表中设置装载存储器的总大小，如图 0-12 所示。

（三）I/O 单元

I/O 单元是 PLC 与外部设备连接的接口。根据处理信号类型的不同，I/O 单元分为数字量（开关量）I/O 单元和模拟量 I/O 单元。数字量信号只有接通（"1"信号）和断开（"0"信号）两种状态，而模拟量信号的值是随时间连续变化的量。

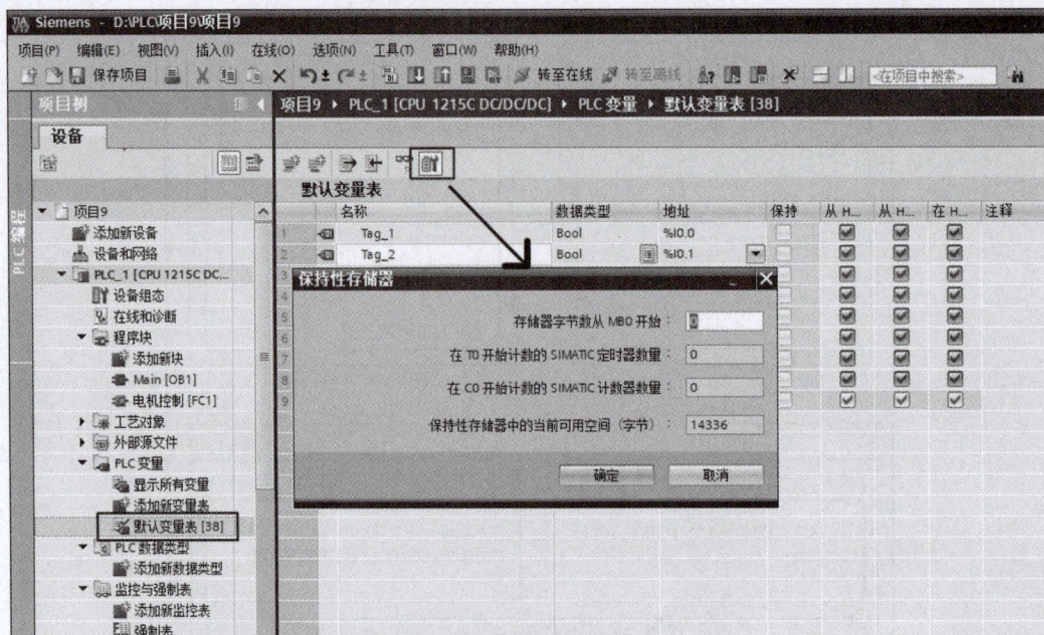

图 0-10　保持性存储器

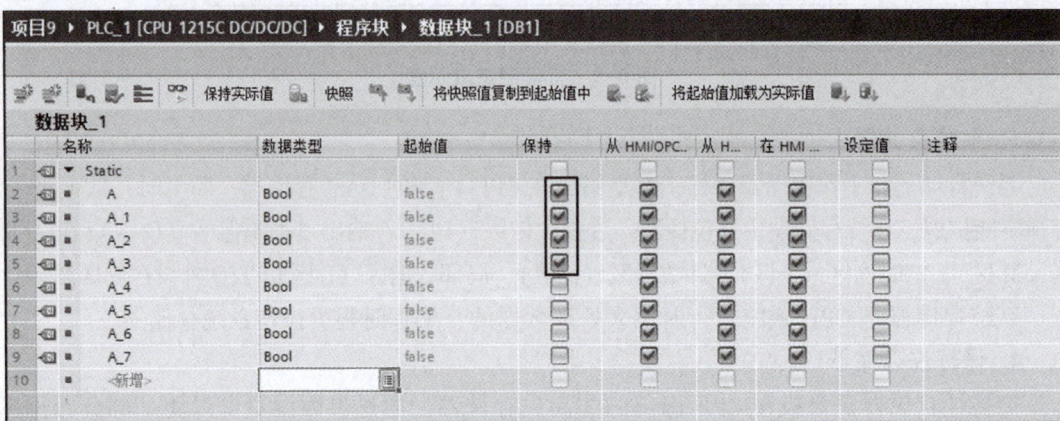

图 0-11　保持性存储器 DB 的设置

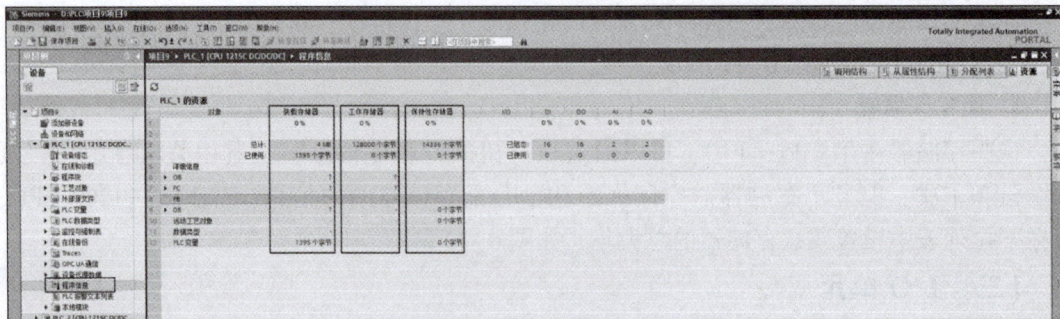

图 0-12　在软件中查看存储器

1. 数字量 I/O 单元

数字量输入单元用来接收按钮、选择开关、行程开关、限位开关、接近开关、光电开关及压力继电器等开关量传感器的输出信号。

数字量输出单元用来控制接触器、继电器、电磁阀、指示灯、数字显示装置和报警装置等输出设备。

2. 模拟量 I/O 单元

模拟量输入单元用来接收压力、流量、液位、温度及转速等各种模拟量传感器提供的连续变化的输出信号。常见的模拟量输入信号有电压型模型量输入信号、电流型模拟量输入信号、热电阻型模拟量输入信号和热电偶型模拟量输入信号等。

模拟量输出单元用来控制电动调节阀、变频器等执行设备，进行温度、流量、压力及速度等 PID 回路调节，可实现闭环控制。常见的模拟量输出信号有电压型模拟量输出信号和电流型模拟量输出信号。

（四）通信接口

S7-1200 CPU 本体上集成了一个 PROFINET 接口，支持以太网和基于 TCP/IP 和用户数据报协议（User Datagram Protocol，UDP）的通信标准。这个 PROFINET 接口是支持 10/100 Mb/s 的 RJ45 口，支持电缆交叉自适应，因此一个标准的或交叉的以太网线都可以用这个接口。使用这个接口可以实现 S7-1200 CPU 与编程设备的通信，与 HMI 的通信，以及与其他 CPU 之间的通信。PROFINET 接口如图 0-13 所示。

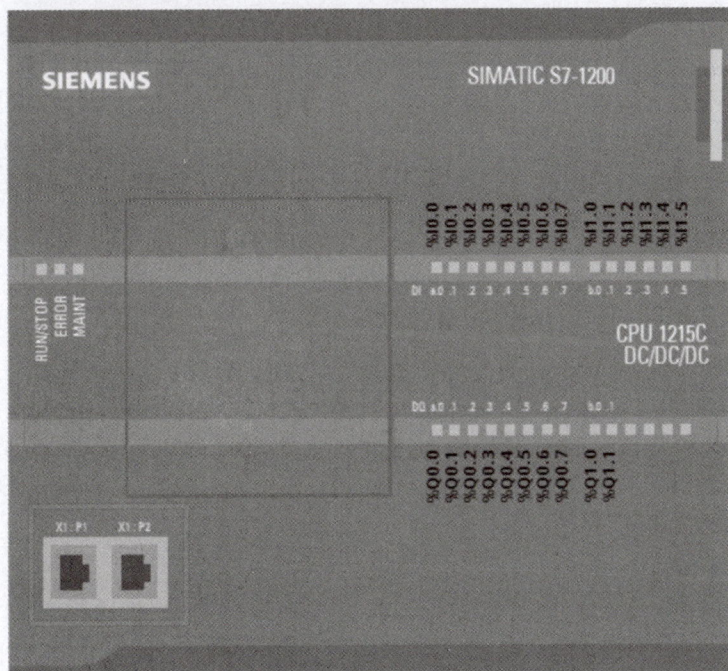

图 0-13　PROFINET 接口

（1）S7-1200 CPU 的 PROFINET 接口主要支持以下通信协议及服务：PROFINET IO（V2.0 开始）、S7 通信（V2.0 开始支持客户端）、TCP、ISO_on_TCP、UDP（V2.0 开始）、MODBUS TCP、HMI 通信、Web 通信（V2.0 开始）。

（2）支持的协议和最大的连接资源如下：4 个连接用于 HMI 设备；1 个连接用于编程设

备（Programming Device，PG）与 CPU 的通信；8 个连接用于 OpenIE（TCP，ISO_on_TCP，UDP）的编程通信，使用 T-block 指令来实现；8 个连接用于 S7 通信的服务器端连接，可以实现与 S7-200、S7-300 及 S7-400 的以太网 S7 通信。

五、PLC 的工作原理

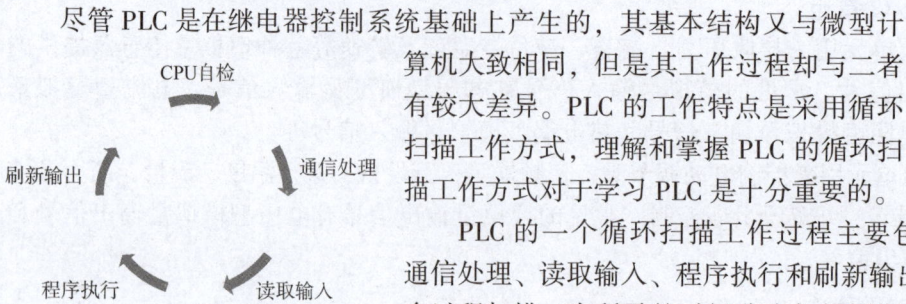

尽管 PLC 是在继电器控制系统基础上产生的，其基本结构又与微型计算机大致相同，但是其工作过程却与二者有较大差异。PLC 的工作特点是采用循环扫描工作方式，理解和掌握 PLC 的循环扫描工作方式对于学习 PLC 是十分重要的。

PLC 的工作原理

PLC 的一个循环扫描工作过程主要包括 CPU 自检、通信处理、读取输入、程序执行和刷新输出 5 个阶段。整个过程扫描一次所需的时间称为扫描周期，图 0-14 所示是 PLC 的一个扫描周期。

图 0-14　PLC 的一个扫描周期

（一）循环扫描工作过程

1. CPU 自检阶段

CPU 自检阶段包括 CPU 自诊断测试和复位监视定时器。在自诊断测试阶段，CPU 检测 PLC 各模块的状态，若出现异常，则立即进行诊断和处理，同时给出故障信号，点亮 CPU 面板上的 LED 指示灯。当出现致命错误时，CPU 被强制为 STOP 方式，停止执行程序。CPU 的自诊断测试将有助于及时发现或提前预报系统的故障，提高系统的可靠性。

复位监视定时器又称看门狗定时器（Watch Dog Timer，WDT），它是 CPU 内部的一个硬件时钟，是为了监视 PLC 的每次扫描时间而设置的。CPU 运行前设定好规定的扫描时间，每个扫描周期都要监视扫描时间是否超过规定值，这样可以避免 PLC 在执行程序的过程中进入死循环，或者 PLC 执行非预定的程序造成系统故障，从而导致系统瘫痪。如果程序运行正常，则在每次扫描周期的内部处理阶段对 WDT 进行复位（清零）。如果程序运行失常进入死循环，则 WDT 得不到按时清零而触发超时溢出，CPU 将给出报警信号或停止工作。采用 WDT 技术也是提高系统可靠性的一个有效措施。

2. 通信处理阶段

在通信处理阶段，CPU 检查有无通信任务，如果有，那么调用相应进程，完成与其他设备（如带微处理器的智能模块、远程 I/O 接口、编程器、HMI 设备等）的通信处理，并对通信数据做相应处理。

3. 读取输入阶段

在读取输入阶段，PLC 扫描所有输入端子，并将各输入端的接通/断开状态存入相对应的输入映像寄存器中，刷新输入映像寄存器的值。此后，输入映像寄存器与外界隔离，无论外设输入情况如何变化，输入映像寄存器的内容都不会改变。输入端状态的变化只能在下一个循环扫描周期的读取输入阶段才被拾取，这样可以保证在一个循环扫描周期内使用相同的输入信号状态。因此，要注意输入信号的宽度要大于一个扫描周期，否则很可能造成信号的丢失。

4. 程序执行阶段

PLC 的用户程序由若干条指令组成，指令在存储器中按顺序排列。当 PLC 处于运行模式执行程序时，CPU 对用户程序按顺序进行扫描。如果程序用梯形图（Ladder Diagram，LAD）表示，则按先上后下、从左至右的顺序逐条执行程序指令。每扫描一条指令，所需要的输入信号的状态均从输入映像寄存器中读取，而不是直接使用现场输入端子的"接通"/"断开"状态。在执行用户程序过程中，根据指令做相应的运算或处理，每一次运算的结果不是直接送到输出端子立即驱动外部负载，而是将结果先写入输出映像寄存器。输出映像寄存器中的值可以被后面的读指令使用。

5. 刷新输出阶段

执行完用户程序后，进入刷新输出阶段。PLC 将输出映像寄存器中的"接通"/"断开"状态送到输出锁存器中，通过输出端子驱动用户输出设备或负载，实现控制功能。输出锁存器的值一直保持到下次刷新输出。

在刷新输出阶段结束后，CPU 进入下一个循环扫描周期。

（二）PLC 的扫描周期

PLC 每一次循环扫描所用的时间称为扫描周期或工作周期。PLC 的扫描周期是一个较为重要的指标，它决定了 PLC 对外部变化的响应时间，直接影响控制信号的实时性和正确性。在 PLC 的一个扫描周期中，读取输入和刷新输出的时间是固定的，一般只需要 $1 \sim 2$ ms，通信任务的作业时间必须被控制在一定范围内，而程序执行时间则因程序长度的不同而不同，所以扫描周期主要取决于用户程序的长短和扫描速度。一般 PLC 的扫描周期为 $10 \sim 100$ ms。

（三）I/O 映像寄存器

PLC 对 I/O 信号的处理采用了将信号状态暂存在 I/O 映像寄存器中的方式。由 PLC 的工作过程可知，在 PLC 的程序执行阶段，即使输入信号的状态发生了变化，输入映像寄存器的状态值也不会变化，要等到下一个扫描周期的读取输入阶段，其状态值才能被刷新。同样，暂存在输出映像寄存器中的输出信号，要等到一个扫描周期结束时集中送给输出锁存器，这才成为实际的 CPU 输出。

PLC 采用 I/O 映像寄存器的优点如下。

（1）在 CPU 一个扫描周期内，输入映像寄存器向用户程序提供的过程信号保持一致，以保证 CPU 在执行用户程序过程中数据的一致性。

（2）在 CPU 扫描周期结束时，将输出映像寄存器的最终结果送给外设，避免了输出信号的抖动。

（3）由于 I/O 映像寄存器位于 CPU 的系统存储器中，因此其访问速度比直接访问 SM 的速度快，缩短了程序执行时间。

六、设备组态

（一）新建项目

以 TIA Portal V16 为例，在桌面双击 图标启动软件，软件界面包括 Portal 视图和项目视图，在两个视图中都可以新建项目。

在 Portal 视图中，单击"创建新项目"按钮，并设置项目名称、路径和作者等信息，然后单击"创建"按钮即可生成新项目，如图 0-15 所示。

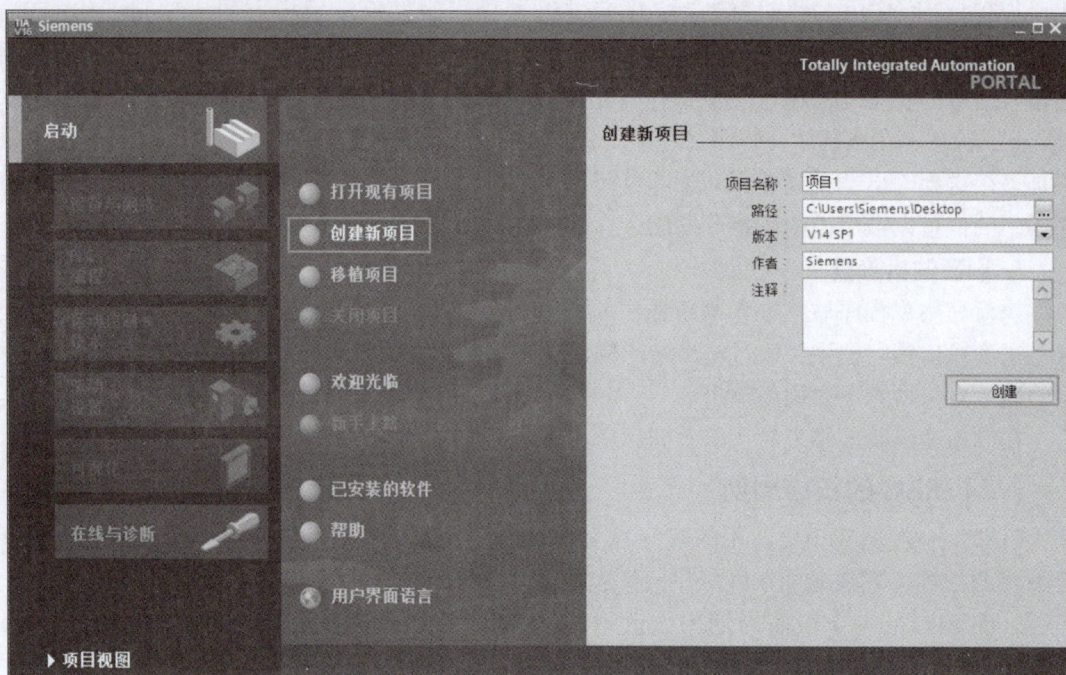

图 0-15　创建新项目

之后用户需要切换到项目视图，即单击"项目视图"按钮，如图 0-16 所示。

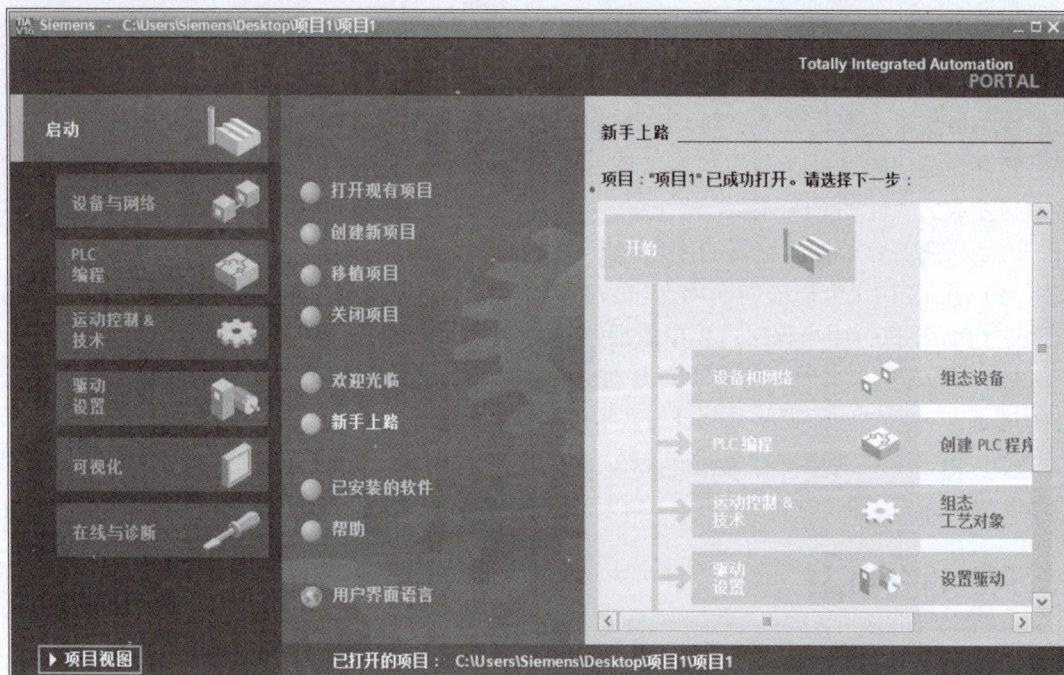

图 0-16　项目视图

1. 手动组态

手动组态通常在已知所有产品的完整订货号的情况下采用，这种方式的优点是可以完全离线进行设备组态，组态过程中不需要设备在线。

硬件的组态

S7-1200 控制系统需要对各硬件进行组态、参数配置和通信互联。项目中的组态要与实际系统一致，系统启动时，CPU 会自动监测软件的预设组态与系统的实际组态是否一致，如果不一致，则会报错，此时 CPU 能否启动取决于启动设置。

单击"项目视图"按钮，在左侧的"项目树"区域中，选择"添加新设备"命令，系统弹出"添加新设备"对话框，在该对话框中选择与实际系统完全匹配的设备即可，如图 0-17、图 0-18 所示。

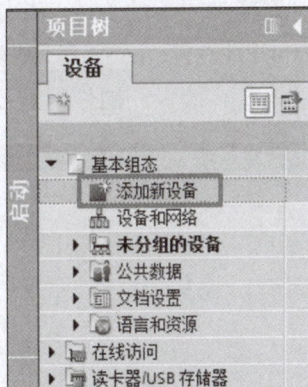

图 0-17 在"项目树"区域中选择"添加新设备"命令

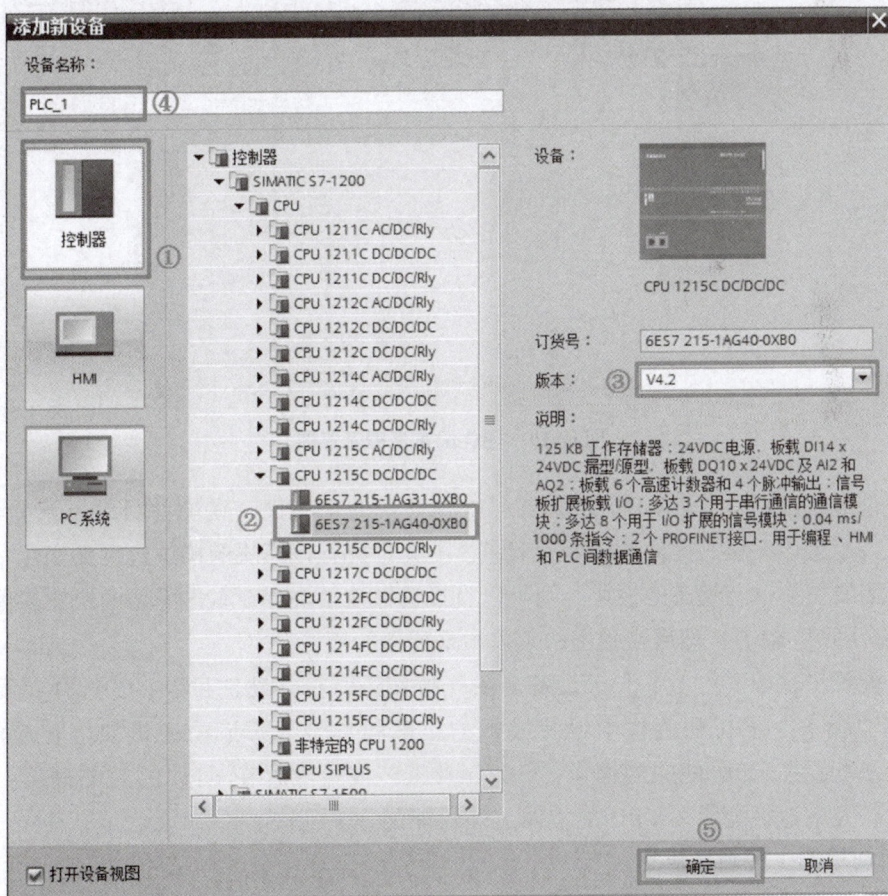

图 0-18 添加新设备步骤示意图

"添加新设备"的具体步骤如下：①选择"控制器"命令；②选择 S7-1200 CPU 的型号；③在"版本"下拉列表框中设置 CPU 的版本；④设置设备名称；⑤单击"确定"按钮完成新设备的添加。

在添加完新设备后，与该新设备匹配的机架随之生成。所有通信模块都要配置在 S7-1200 CPU 左侧，而所有 SM 都要配置在 S7-1200 CPU 的右侧，在 S7-1200 CPU 本体上可以配置一个扩展板。硬件配置步骤示意图如图 0-19 所示。

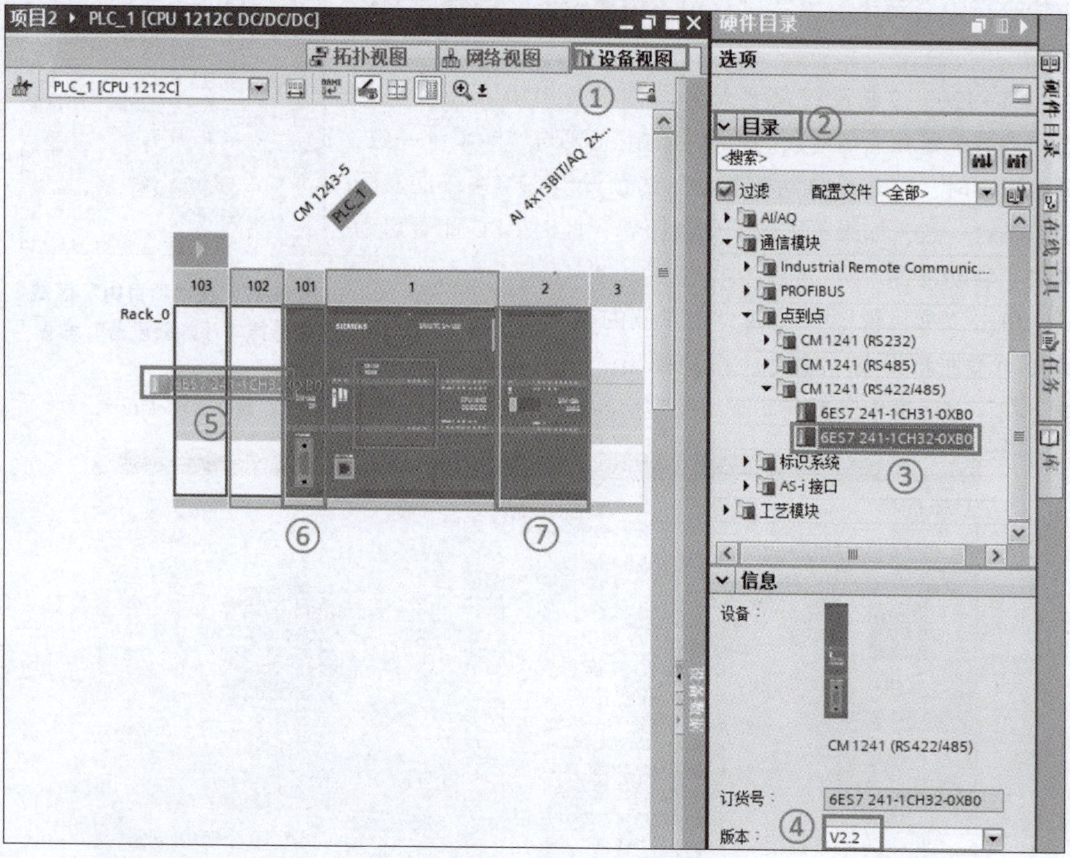

图 0-19　硬件配置步骤示意图

在硬件配置过程中，TIA Portal 会自动检查模块的正确性。在硬件目录下选择模板后，机架中允许配置该模块的槽位边框变为蓝色，不允许配置该模块的槽位边框无变化。

如果需要更换已经组态的模块，则可以直接选择该模块，在右击弹出的快捷菜单中选择"更改设备类型"命令，然后在弹出的菜单中选择新的模块。

硬件配置步骤如下：①单击"设备视图"按钮；②打开硬件目录；③选择要配置的模板；④在"版本"下拉列表框中设置模板的正确版本号；⑤拖动到机架上相应的槽位；⑥通信模块配置在 CPU 的左侧槽位；⑦I/O 及工艺模板配置在 CPU 的右侧槽位；⑧信号板、通信板及电池板配置在 CPU 的本体上（仅能配置 1 个）。

2. 自动检测上传硬件信息

添加非特定的设备，单击"确定"按钮，如图 0-20 所示。

按照图 0-21 所示步骤进行操作，可以直接获取当前 PLC 与扩展模块的组态。

图 0-20　添加非特定的设备

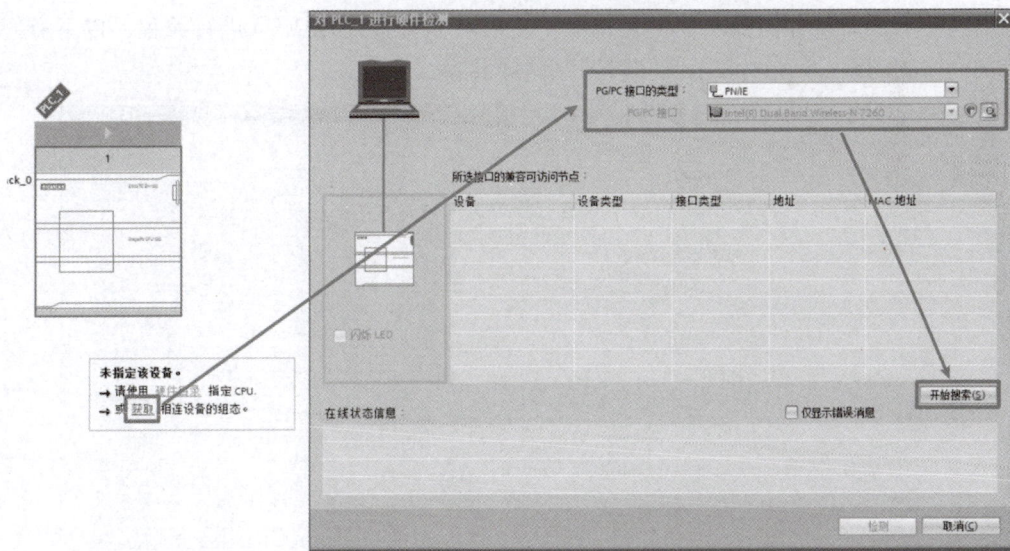

图 0-21　未指定设备硬件配置步骤示意图

（二）CPU 属性

1. PROFINET 接口

此接口为网线接口，在"IP 协议"选项组中需要设置正确的 IP 地址，在项目一~项目十二中不需要修改，如图 0-22 所示。

图 0-22　设置正确的 IP 地址

2. 系统和时钟存储器

勾选"启用系统存储器字节"复选框，之后可以直接使用 M 点进行编程，以下有对应点位的介绍。图 0-23 所示为系统和时钟存储器设置。

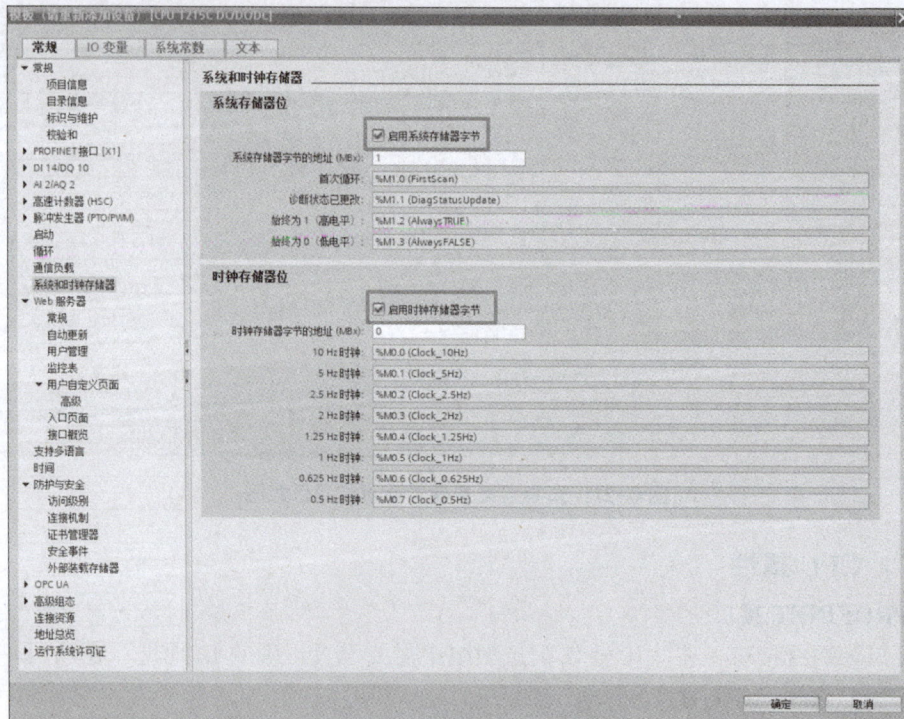

图 0-23　系统和时钟存储器设置

（1）系统存储器位。

勾选"启用系统存储器字节"复选框，系统存储器字节的地址默认为"1"，代表的字节为 MB1，用户也可以指定其他的存储字节。目前只用到了该字节的前 4 位，以 MB1 为例，有如下说明。

① M1.0［初始化脉冲（FirstScan）］：首次扫描为"1"，之后为"0"。

② M1.1［诊断状态变化（DiagStatusUpdate）］：诊断状态已更改。

③ M1.2［始终为真（AlwaysTRUE）］：CPU 运行时，始终为"1"。

④ M1.3［始终为假（AlwaysFALSE）］：CPU 运行时，始终为"0"。

⑤ M1.4~M1.7 未定义，且数值为 0。

（2）时钟存储器位。

时钟存储器是 CPU 内部集成的时钟存储器。勾选"启用时钟存储器字节"复选框，时钟存储器字节的地址默认为"0"，代表的字节为 MB0，用户也可以指定其他的存储字节，以 MB0 为例，如表 0-1 所示。

表 0-1　时钟存储器的位示例

时钟存储器的位	7	6	5	4	3	2	1	0
频率/Hz	0.5	0.625	1	1.25	2	2.5	5	10
周期/s	2	1.6	1	0.8	0.5	0.4	0.2	0.1

3. 连接机制

在所有实训项目中必须勾选"允许来自远程对象的 PUT/GET 通信访问"复选框，此为与触摸屏做连接的重要权限，若与触摸屏通信失败，则请查看此权限是否打开，如图 0-24 所示。

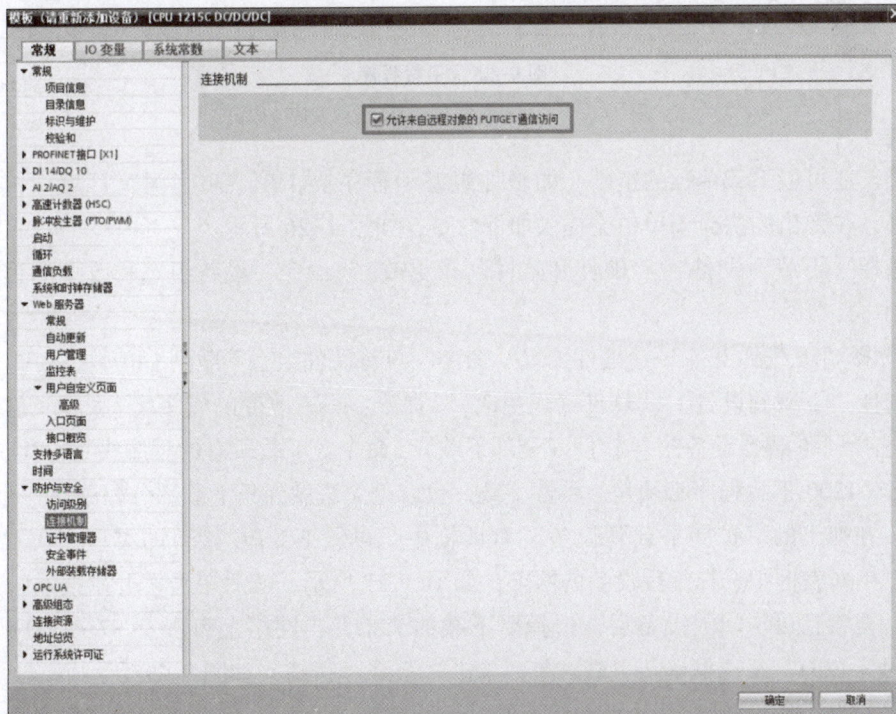

图 0-24　连接机制

（三）下载程序

S7-1200 的 CPU 本体上集成了 PROFINET 接口，通过这个接口可以实现 CPU 与编程设备的通信。

（1）在"项目树"区域中，选择需要下载的项目文件夹，然后选择"在线"→"下载到设备"命令，或直接单击工具栏上的"下载到设备"按钮，如图 0-25 所示。

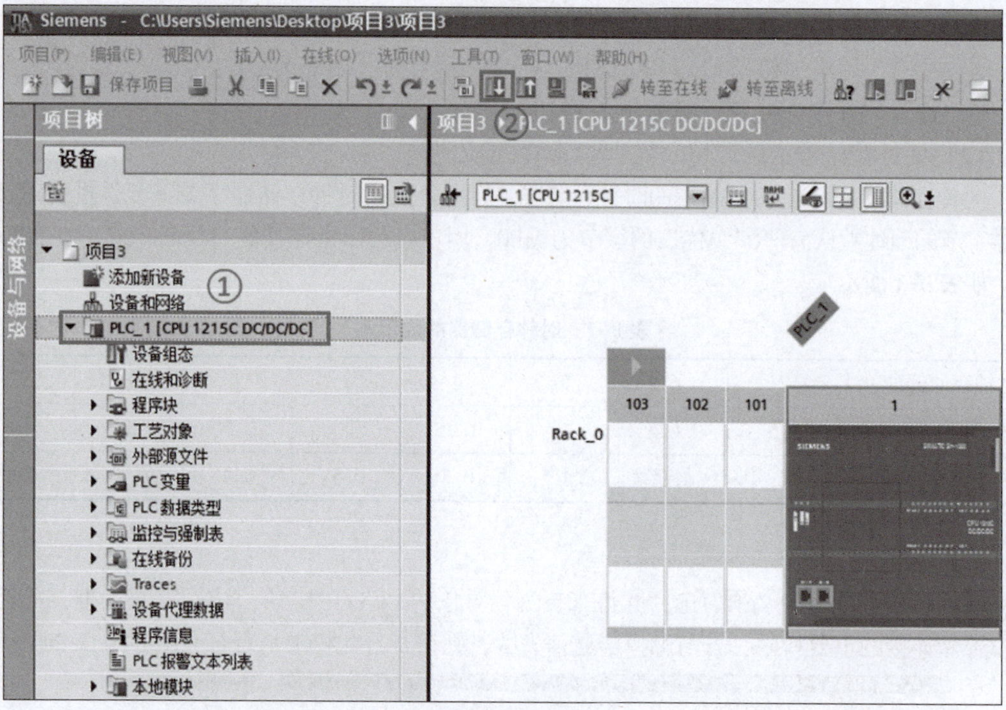

图 0-25　下载程序
①项目文件夹；②工具栏上的"下载到设备"按钮

另外，还可以下载单独的组件，如硬件组态和程序块。在"项目树"区域中，右击项目文件夹，在弹出的快捷菜单中会提供如下命令，如图 0-26 所示。

①选择"下载到设备"→"硬件和软件（仅更改）"命令：设备组态和改变的程序下载到 CPU 中。

②选择"下载到设备"→"硬件配置"命令：只有硬件组态下载到 CPU 中。

③选择"下载到设备"→"软件（仅更改）"命令：只有改变的程序块下载到 CPU 中。

④选择"下载到设备"→"软件（全部下载）"命令：下载所有的程序块到 CPU 中。

⑤S7-1200 下载程序必须是一致性下载，也就是无法做到只下载部分程序块到 CPU 中。

（2）在弹出的"扩展下载到设备"对话框中，设置 PG/PC 接口的类型，在"PG/PC 接口"下拉列表框中选择编程设备的网卡，如图 0-27 所示，然后单击"开始搜索"按钮。

（3）搜索到可访问的设备后，选择要下载的 PLC，当网络上有多个 S7-1200 PLC 时，通过"闪烁 LED"复选框确认下载对象，单击"下载"按钮，如图 0-28 所示。

（4）如果编程设备的 IP 地址和组态的 PLC 不在一个网段，则需要给编程设备添加一个与 PLC 同网段的 IP。在弹出的对话框中依次单击"是"和"确定"按钮，如图 0-29 所示。

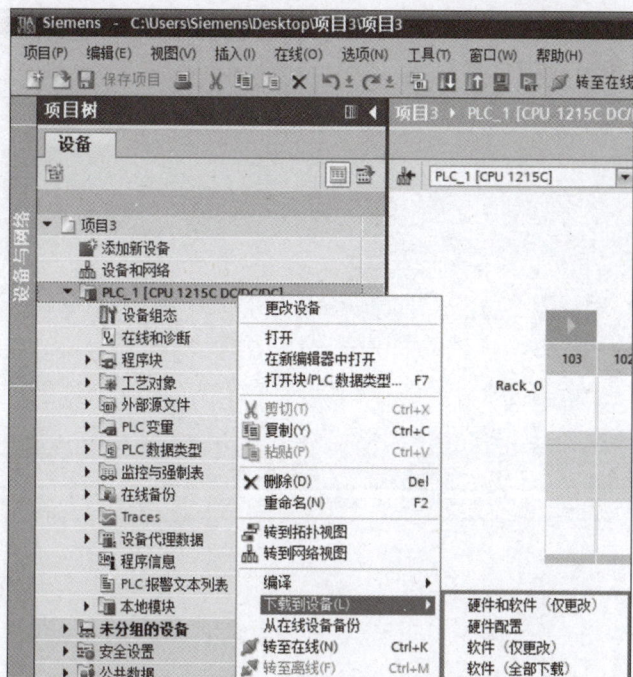

图 0-26　下载到设备

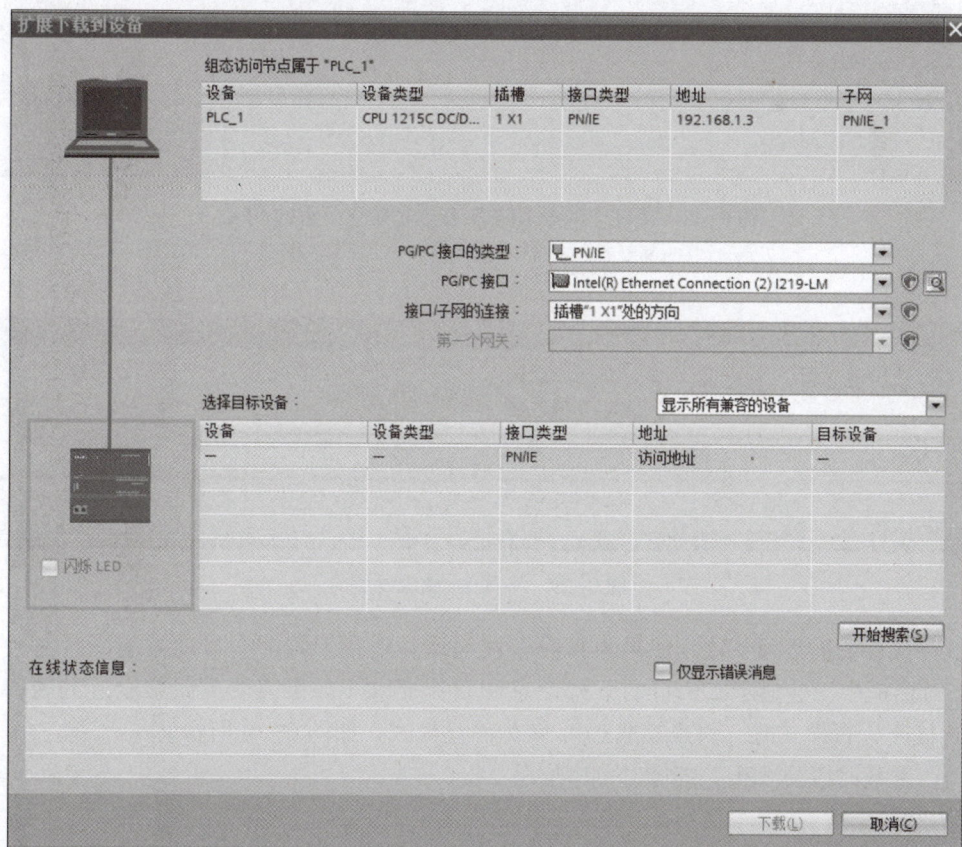

图 0-27　扩展下载到设备

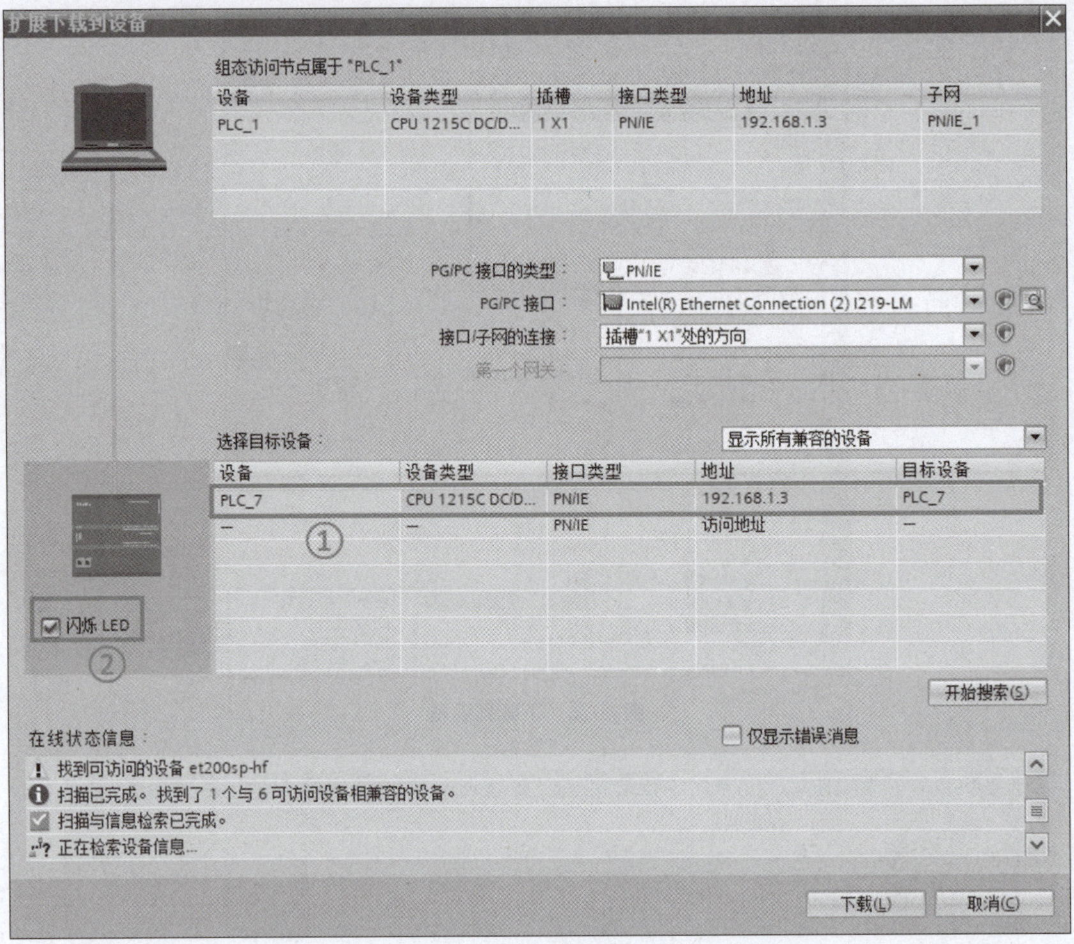

图0-28 通过"闪烁LED"复选框确认下载的PLC
①选择要下载的PLC；②"闪烁LED"复选框

图0-29 不同IP地址设置

（5）项目数据必须一致。如果项目没有被编译，则在下载前会自动被编译。在"下载预览"对话框中，会显示要执行的下载信息和动作要求。如果需要下载修改过的硬件组态且CPU处于运行模式时，则需要把CPU转为停止模式，如图0-30所示。

（6）下载后启动CPU，如图0-31所示。

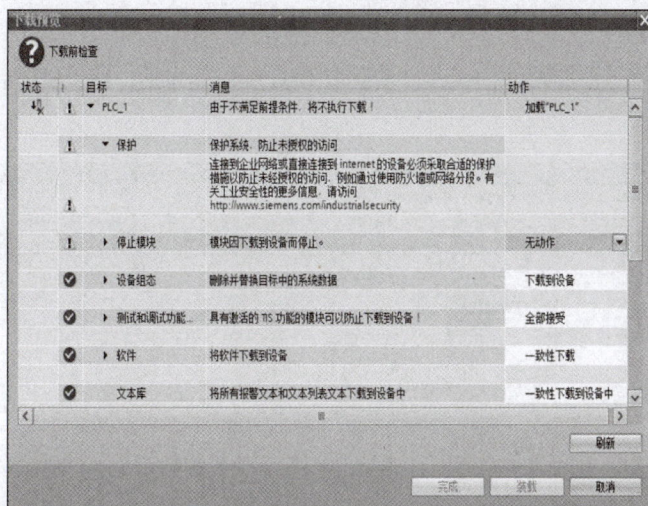

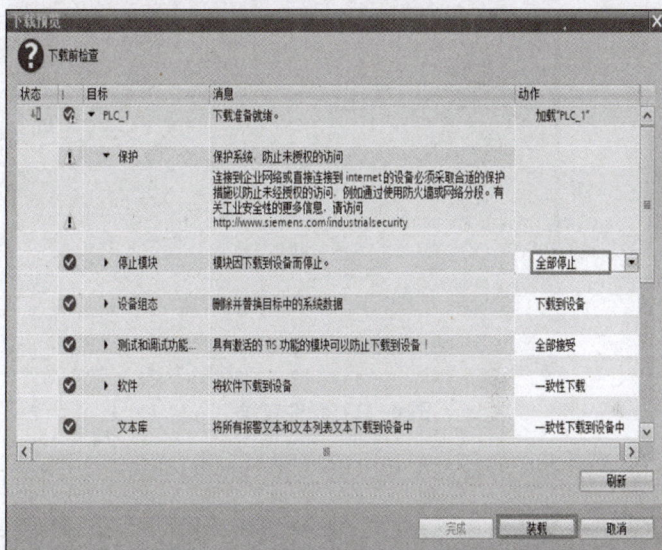

图 0-30 项目数据保持一致操作示意图

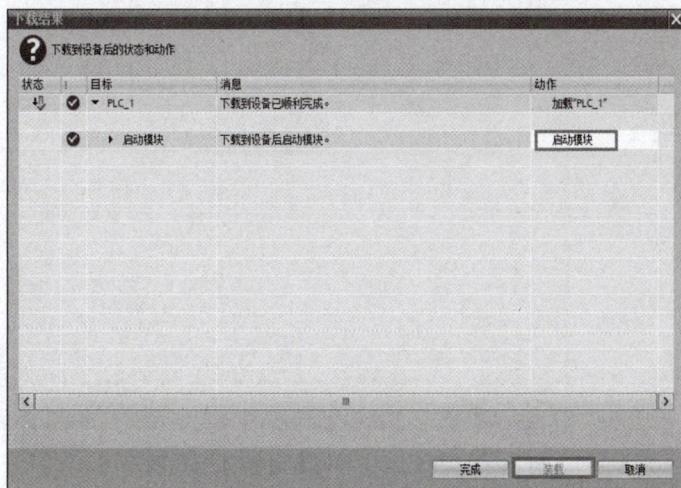

图 0-31 下载后启动 CPU 操作示意图

西门子 S7-1200 PLC 入门指南

21

（四）上传程序

（1）根据 CPU 型号添加硬件，或者自动获取 PLC 硬件信息后，将 CPU 转至在线，如图 0-32 所示。

图 0-32　硬件在线

（2）单击"上传"按钮，进行程序块上传，如图 0-33 所示。

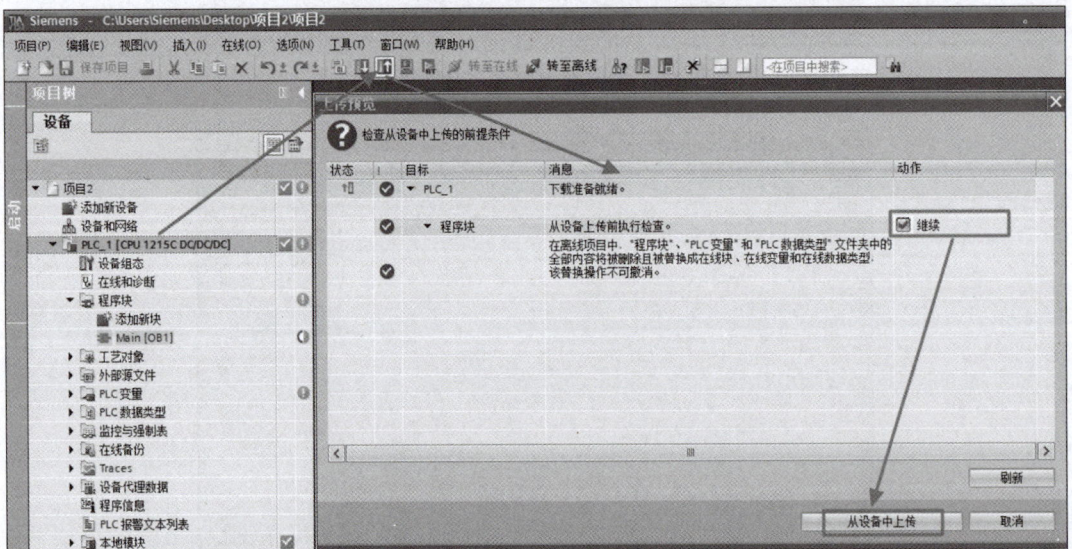

图 0-33　在线后上传程序块操作示意图

（3）上传完成后显示正常情况，如图 0-34 所示。

注：要上传的硬件配置和软件必须与 TIA Portal 版本兼容。如果设备上的数据是由前版本程序或不同的组态软件创建的，则需确保它们是兼容的。

七、数据类型

用户在编写程序时，变量的格式必须与指令的数据类型相匹配。S7 系列 PLC 的数据类型主要分为基本数据类型、复合数据类型和参数类型，对于 S7-1200 PLC，还包括系统数据类型和硬件数据类型。

S7-1200 支持的数据类型

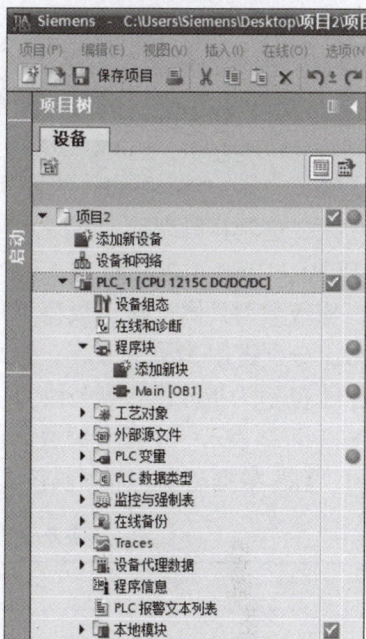

基本数据类型的操作数通常是 32 b（位）以内的数据。基本数据类型分为位数据类型、数学数据类型、字符数据类型、定时器数据类型及日期和时间数据类型。在日期和时间数据类型中，存在超过 32 b 的数据类型；对于 S7-1200 PLC 而言，还增加了许多超过 32 b 的此类数据类型。

图 0-34 上传完成后显示状态

（一）位数据类型

位数据类型主要有布尔型（Bool）、字节型（Byte）、字型（Word）和双字型（DWord），对于 S7-1200 PLC，还支持长字型（LWord），而 S7-300/400 PLC 仅支持前 4 种。

在位数据类型中，只表示存储器中各位的状态是 0（FALSE）还是 1（TRUE）。其长度可以是 1 b、一个字节（Byte，8 b）、一个字（Word，16 b）、一个双字（Double Word，32 b）或一个长字（Long Word，64 b），分别对应 Bool、Byte、Word、DWord 和 LWord 类型。位数据类型通常用二进制或十六进制格式赋值，如 2#01010101、16#2B3C 等。需注意的是，1 b Bool 数据类型不能直接赋常数值。

位数据类型的常数表示需要在数据之前根据存储单元长度（Byte、Word、DWord、LWord）加上 B#、W#、DW#或 LW#（Bool 除外），位数据类型、数据长度及数值范围如表 0-2 所示。

表 0-2　位数据类型、数据长度及数值范围

数据类型	数据长度	数值范围
Bool	1 b	TRUE，FALSE
Byte	8 b	B#16#0 ~ B#16#FF
Word	16 b	W#16#0 ~ W#16#FFFF
DWord	32 b	DW#16#0 ~ DW#16#FFFFFFFF
LWord	64 b	LW#16#0 ~ LW#16#FFFFFFFFFFFFFFFF

（二）数学数据类型

对于 S7-1200 PLC，数学数据类型主要有整数类型和实数类型（浮点数类型）。

整数类型又分为有符号整数类型和无符号整数类型。有符号整数类型包括短整数型

（Short Int，SInt）、整数型（Int）、双整数型（Double Int，DInt）和长整数型（Long Int，LInt）；无符号整数类型包括无符号短整数型（Unsigned Short Int，USInt）、无符号整数型（Unsigned Int，UInt）、无符号双整数型（Unsigned Double Int，UDInt）和无符号长整数型（Unsigned Long Int，ULInt）。对于S7-300/400 PLC，仅支持Int和DInt。

SInt、Int、DInt和LInt数据为有符号整数类型，分别为8 b、16 b、32 b和64 b，在存储器中用二进制补码表示，最高位为符号位（0表示正数、1表示负数），其余各位为数值位。而USInt、UInt、UDInt和ULInt数据均为无符号整数，每一位均为有效数值。

实数类型具体包括实数型（Real）和长实数型（Long Real，LReal），均为有符号的浮点数，分别占用32 b和64 b，最高位为符号位（0表示正数、1表示负数），接下来的8位（或11位）为指数位，剩余位为尾数位，共同构成实数数值。实数的特点是利用有限的32 b或64 b可以表示一个很大的数，也可以表示一个很小的数。对于S7-300/400 PLC，仅支持Real。数学数据类型、数据长度和数值范围如表0-3所示。

表0-3 数学数据类型、数据长度和数值范围

数据类型	数据长度	数值范围
USint	8 b	0~255
SInt	8 b	−128~127
UInt	16 b	0~65 535
Int	16 b	−32 768~32 767
UDInt	32 b	0~4 294 967 295
DInt	32 b	L#−2 147 483 648~L# 2 147 483 647
ULInt	64 b	0~18 446 744 073 709 551 615
LInt	64 b	−9 223 372 036 854 775 808~+9 223 372 036 854 775 807
Real	32 b（8位指数位）	$-3.402\,823e^{+38}$ ~ $-1.175\,495e^{-38}$；0.0和$1.175\,495e^{-38}$~$+3.402\,823e^{+38}$
LReal	64 b（11位指数位）	$-1.797\,693\,134\,862\,315\,8e^{+308}$~$-2.225\,073\,858\,507\,201\,4e^{-308}$；0.0和$2.225\,073\,858\,507\,201\,4e^{-308}$~$+1.797\,693\,134\,862\,315\,8e^{+308}$

八、直接寻址

直接寻址是指在程序中直接访问CPU存储区的寻址方式，CPU存储区包括I/O过程映像区、M区、T区、C区、DB及FB/FC等。

直接寻址又可以分为两种：绝对寻址和符号寻址。

绝对寻址是指在程序中使用存储区的物理地址的寻址方式，如I1.0、Q1.0、M2.0等。

符号寻址是指给物理地址起一个与其功能相关的符号名。例如，上例中的I1.0，给它起个符号名Start ON，当看到这个符号名的时候，就知道它代表开机按钮。

（一）数据存储区

系统存储器中的I区、Q区、M区和L区是按字节进行排列的，数据存储区示意图如图0-35所示。

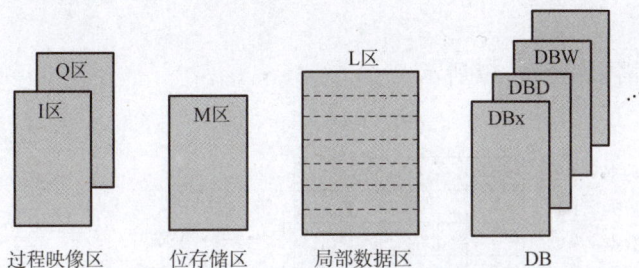

图 0-35　数据存储区示意图

（二）PLC 中数据的存储方式

PLC 中数据都是以字节为单位存储的，如图 0-36 所示。

（三）位寻址

位寻址方式示意图如图 0-37 所示。

**S7-1200 数据的
存取方式**

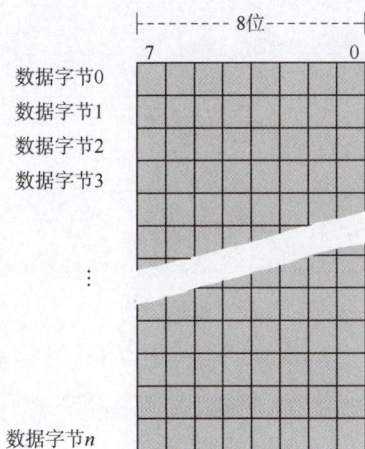

图 0-36　数据存储方式示意图

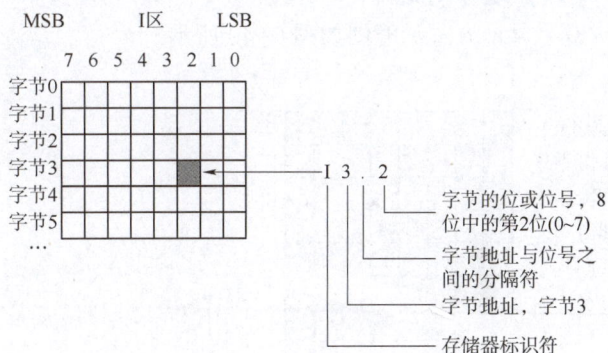

图 0-37　位寻址方式示意图

（四）字节寻址

字节寻址方式示意图如图 0-38 所示。

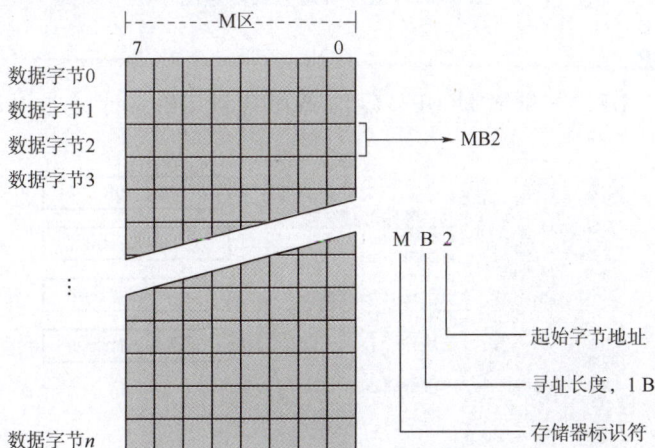

图 0-38　字节寻址方式示意图

（五）字寻址

字寻址方式示意图如图 0-39 所示。

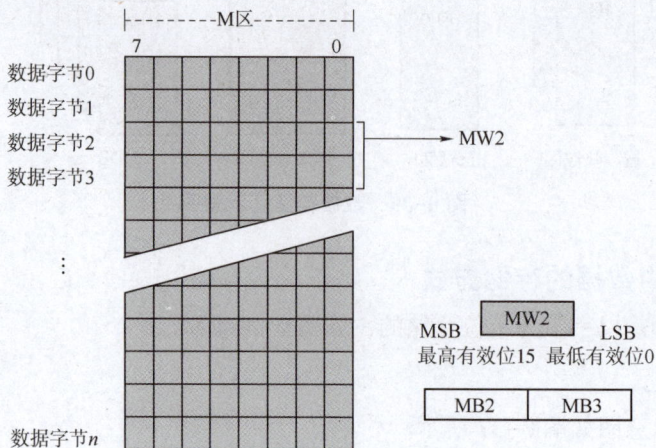

图 0-39　字寻址方式示意图

（六）双字寻址

双字寻址方式示意图如图 0-40 所示。

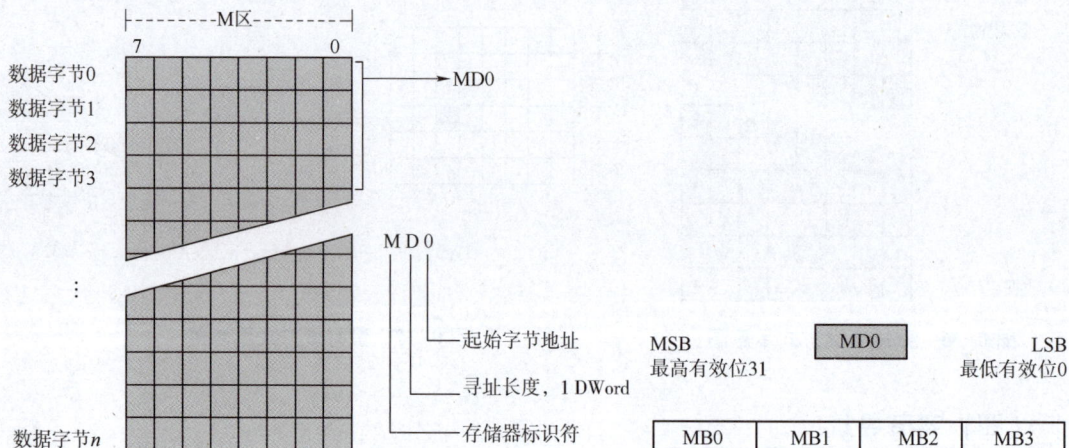

图 0-40　双字寻址方式示意图

（七）寻址 DB

寻址 DB 有全局 DB、一般背景 DB、定时器用背景 DB 及计数器用背景 DB 4 种，如图 0-41 所示。

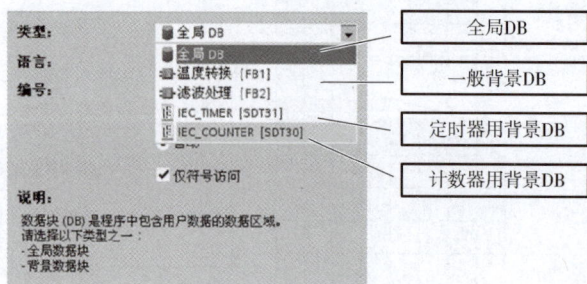

图 0-41　寻址 DB

寻址 DB 示意图如图 0-42 所示，DB 寻址情况如表 0-4 所示。

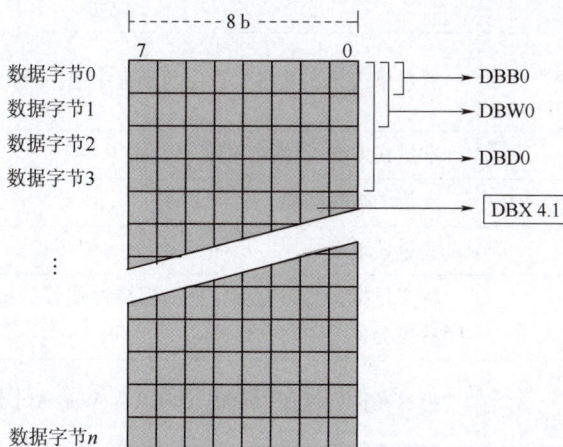

图 0-42　寻址 DB 示意图

表 0-4　DB 寻址情况

位	字节、字或双字
DB［DB 编号］.DBX［字节地址］.［位地址］	DB［DB 编号］.DB［大小］［起始字节地址］
DB1.DBX2.0	DB10.DBB0 DB10.DBW2 DB1.DBD2

九、变量建立与监控

（一）变量表

变量表示意图如图 0-43 所示。

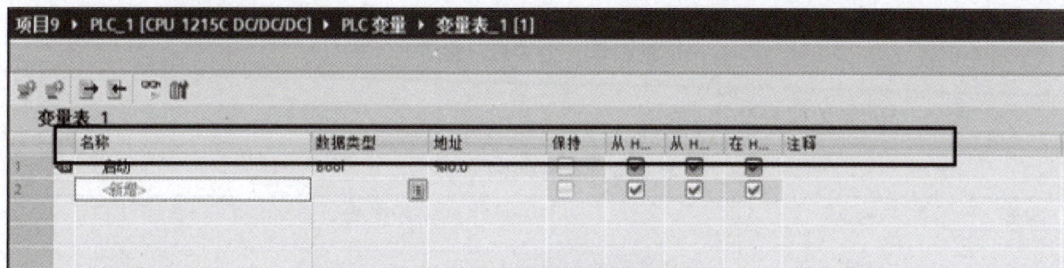

图 0-43　变量表示意图

每个 PLC 变量表均包括变量选项卡和用户常量选项卡。默认变量表和所有变量表均包括系统常量选项卡，表 0-5 所示为变量表各种选项卡的含义。

表0-5 变量表各种选项卡的含义

序号	列	说明
1		通过单击按钮并将变量拖动到程序中作为操作数
2	名称	常量在CPU范围内的唯一名称
3	数据类型	变量的数据类型
4	地址	变量地址
5	保持	将变量标记为具有保持性。保持性变量的值将保留，即使在电源关闭后也会保持
6	从HMI/OPC UA/Web API可访问	指示在运行过程中HMI/OPC UA/Web API是否可访问该变量
7	在HMI工程组态中可见	显示运行期间HMI是否可访问此变量。显示默认情况下，在选择HMI的操作数时变量是否显示
8	从HMI/OPC UA/Web API可写	指示在运行过程中是否可从HMI/OPC UA/Web API写入变量
9	监控	CPU中的当前数据值。只有建立了在线连接并单击"监视所有"按钮时，才会显示该列
10	变量表	显示包括变量声明的变量表，该列仅存在于"所有变量"表中
11	注释	用于说明变量的注释信息

(二) 监控表

监控表示意图如图0-44所示。

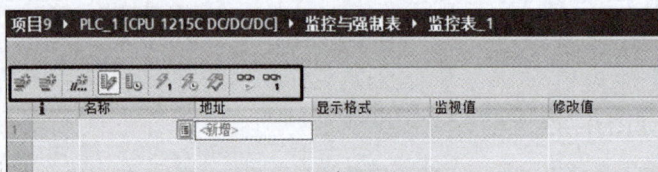

图0-44 监控表示意图

监控表各按钮含义如表0-6所示。

表0-6 监控表各按钮含义

序号	按钮	说明
1		在所选行的前面插入一行
2		在所选行的后面插入一行
3		在选定行插入一个注释行
4		显示所有修改列
5		显示所有列，包括隐藏的列

序号	按钮	说明
6		立即修改一次所有选定的变量地址
7		参考用户程序中定义的触发点
8		禁用外设输出的输出禁用命令
9		对监控表中的全部变量进行监视
10		对监控表中的可见变量进行监视

（三）强制表

强制表示意图如图 0-45 所示。

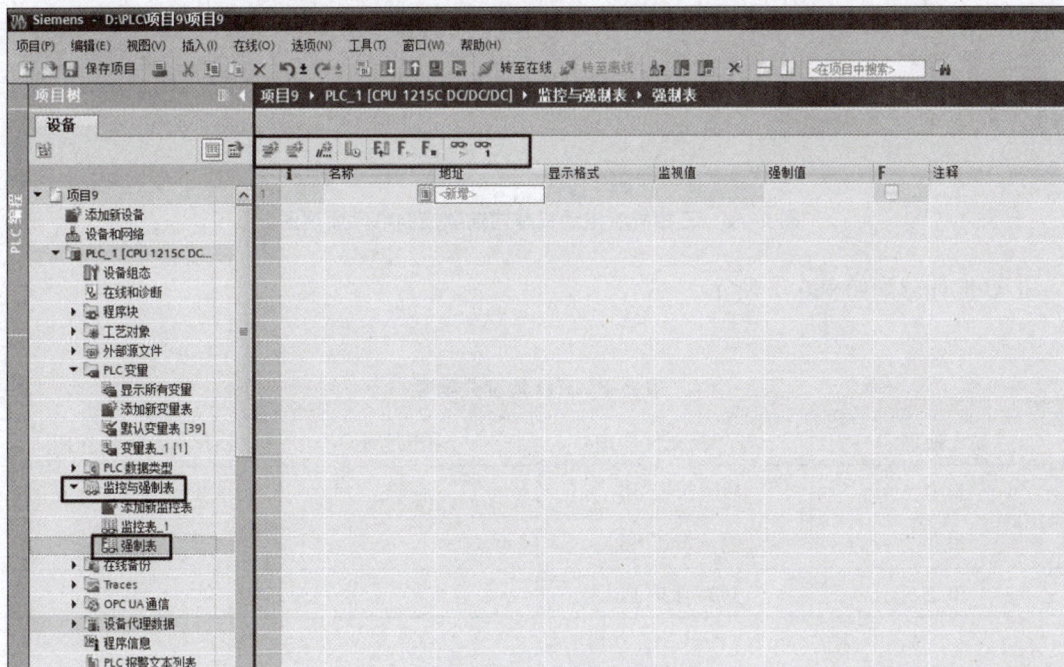

图 0-45　强制表示意图

强制表中各按钮含义如表 0-7 所示。

表 0-7　强制表中各按钮含义

序号	按钮	说明
1		更新所有强制的操作数和值
2		启动和替换可见变量的强制
3		停止所选地址的强制

十、示例程序创建

根据三相异步电动机单向连续控制电气原理图（见图0-46），编写程序，实现电动机自锁控制，编写 LAP 程序并调试程序。

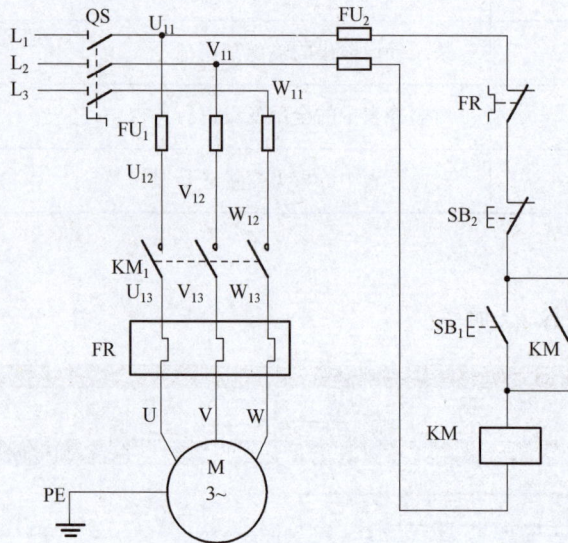

图 0-46 三相异步电动机单向连续控制电气原理图

I/O 地址分配如表0-8所示。

表 0-8 I/O 地址分配表

输入地址	符号及元件作用	输出地址	符号及元件作用
I0.0	启动按钮 SB$_1$	Q4.0	接触器线圈 KM
I0.1	停止按钮 SB$_2$		
I0.2	过载保护 FR		

（一）创建新项目

打开 TIA Portal，在"项目树"区域中选择"添加新设备"命令，在系统弹出的"添加新设备"对话框中设置控制器、订货号、组态设备等，如图0-47所示。在"项目树"区域中，双击"程序块"下的"添加新块"命令，在系统弹出的"添加新块"对话框中可以选择"FC 函数"并修改新块的"名称"，如图0-48所示。

（二）程序编写调用

电动机自锁参考程序如图0-49所示。程序调用示意图如图0-50所示。

（三）程序的下载与监视

1. 下载程序

下载程序过程如图0-51所示。

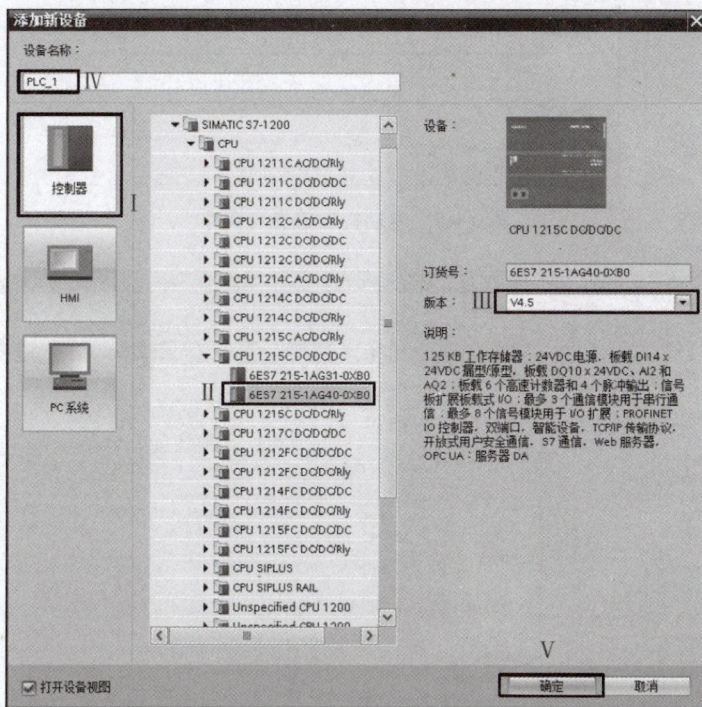

图 0-47　添加新设备

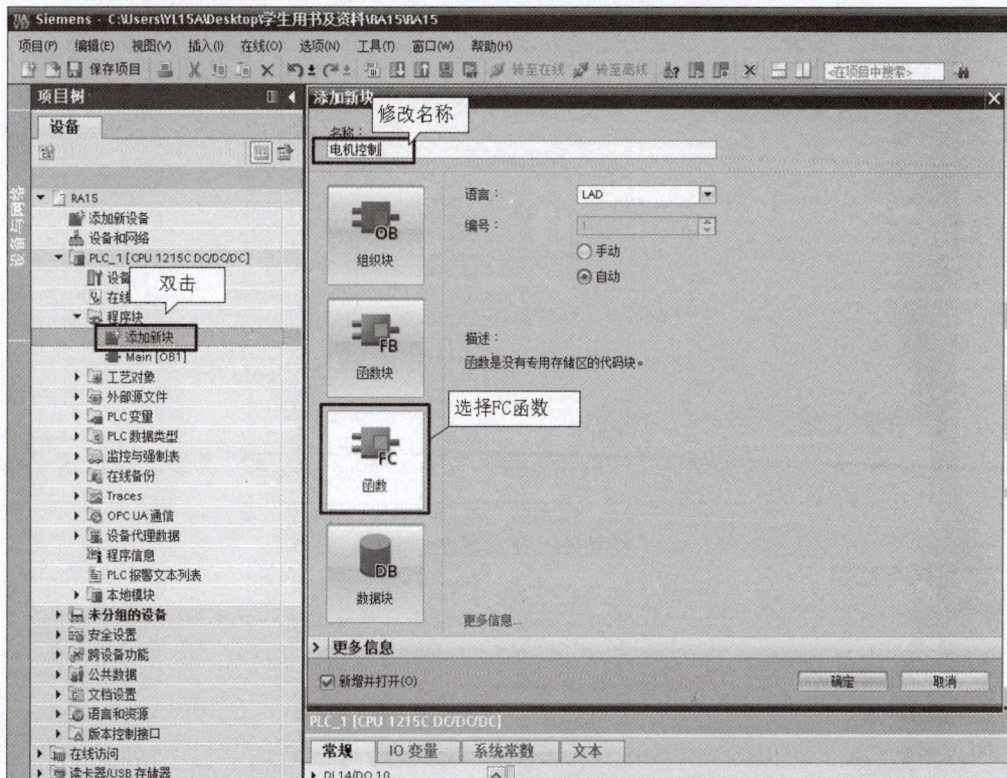

图 0-48　修改新块名称

图 0-49   电动机自锁参考程序

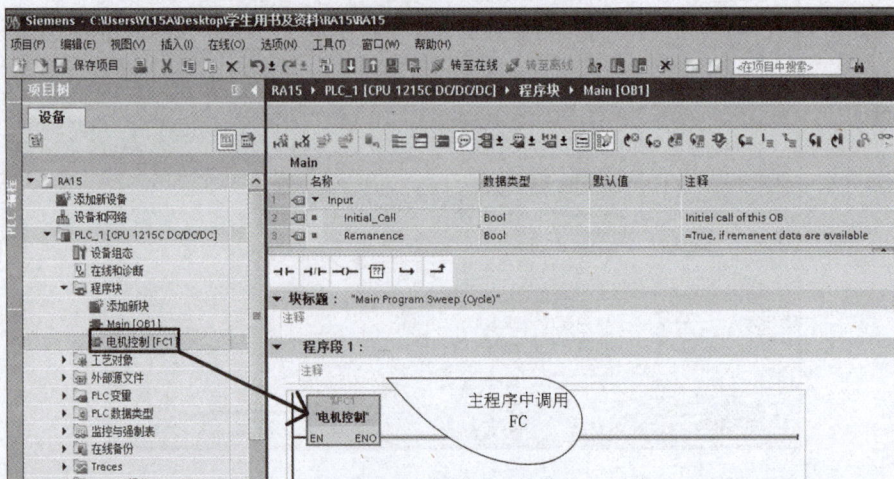

图 0-50   程序调用示意图

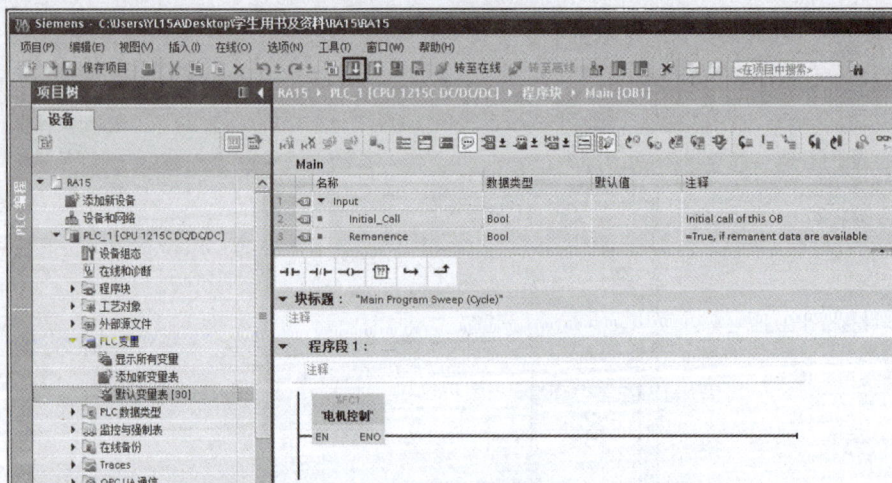

图 0-51   下载程序过程

2. 调试与监控

调试程序与在线监控如图 0-52 所示。

（四）程序的比较

1. 相同情况

把程序下载后，可以转到在线查看，若用户编写程序与 PLC 内部程序相同，则显示全为绿色，如图 0-53 所示。

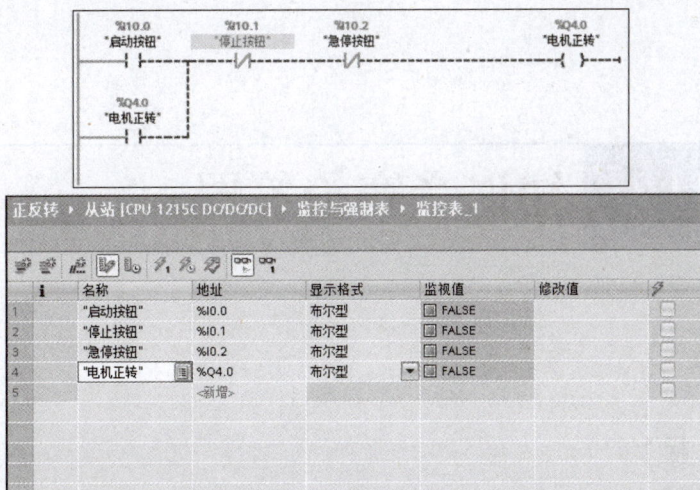

图 0-52　调试程序与在线监控

2. 不同情况

把程序下载后，可以转到在线查看，若用户编写程序与 PLC 内部程序不同，则显示全为橙色，如图 0-54 所示。

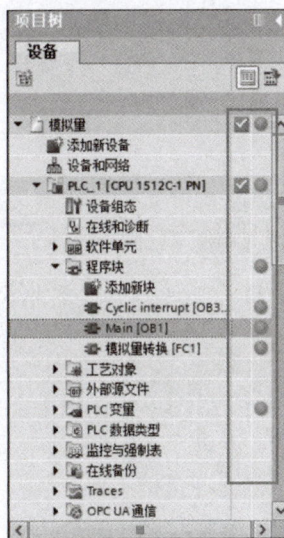

图 0-53　调试比较相同状态图

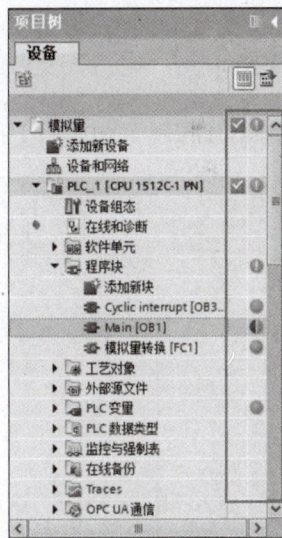

图 0-54　调试比较不同状态图

实训项目一 知识竞赛抢答器

🎵 【学习目标】

（1）能使用触点与线圈指令。

（2）能使用置位与复位指令。

🎵 【建议学时】

8 学时。

🎵 【情景描述】

知识竞赛抢答器模拟示意图如图 1-1 所示。

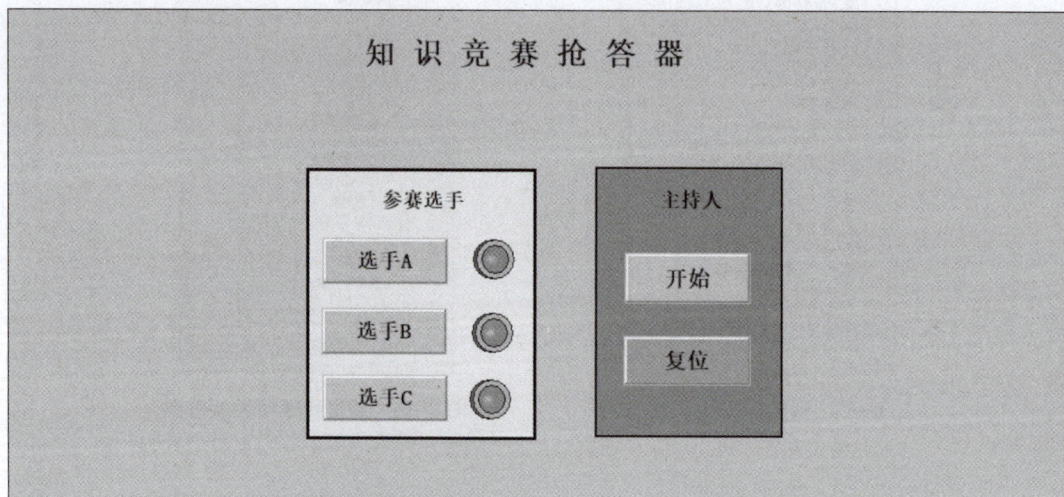

图 1-1　知识竞赛抢答器模拟示意图

知识竞赛抢答器的控制要求如下。

（1）3 个选手进行抢答，每个选手分别配备一个抢答器。

（2）当选手单击抢答按钮后，选手面前相应的指示灯亮。

（3）一旦一个选手抢答，别的选手将不能抢答。

（4）主持人配备两个按钮：抢答"开始"按钮和"复位"按钮。

（5）抢答"开始"按钮：只有主持人单击抢答"开始"按钮后，选手才能开始抢答。

（6）"复位"按钮：主持人单击"复位"按钮后，状态复位，等待新的一轮抢答开始。

【项目实施】

一、信息收集

通过专业书籍、网络、标准与规范或资料页等信息源获取以下信息和知识，并将内容补充完整。

（1）查询资料页或帮助，补充指令的名称与说明。

—| |—

—| / |—

—|NOT|—

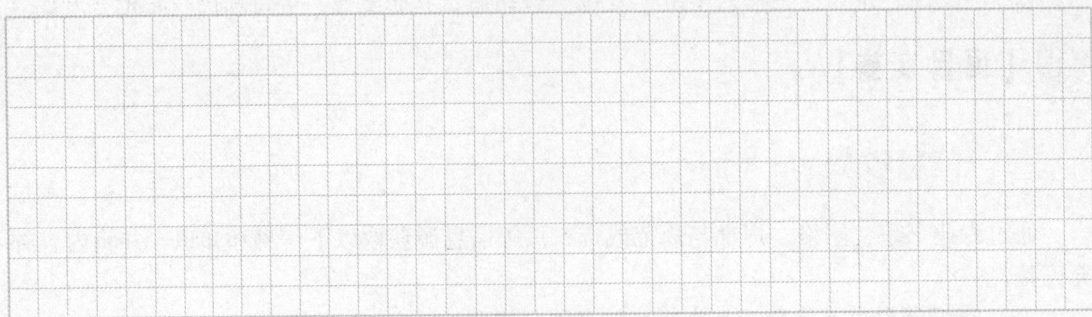

—( )—

—(R)—

—(S)—

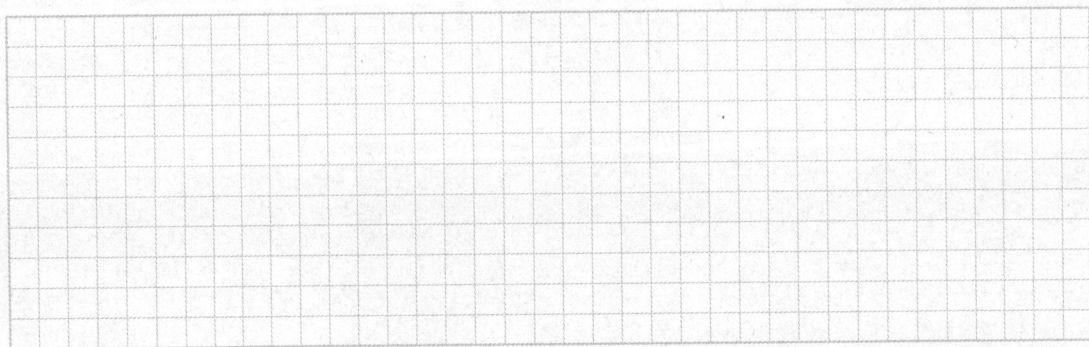

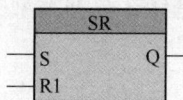

（2）试描述问号位置填写的地址是什么数据类型，并举例说明。

$$\text{<???>}$$
$$\dashv\ \vdash$$

（3）满足下列哪个条件时，MOTOR 信号为 0。

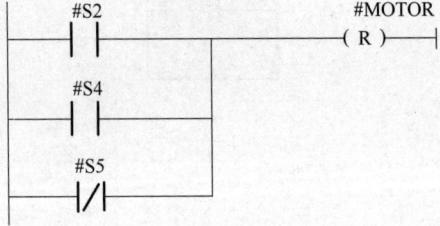

（4）简述 LAD 中分支的规则。

（5）简述计算机连接 PLC 失败的原因。

（6）简述计算机修改 IP 地址的方式。

(7) 前置任务。

① 双按钮安全启动的控制要求：同时单击两个按钮后，启动电动机。

I/O 分配表：双按钮安全启动 I/O 分配表如表 1-1 所示。

表 1-1　双按钮安全启动 I/O 分配表

名称	数据类型	硬件地址	触摸屏地址
按钮 1	Bool		DB101.DBX0.0
按钮 2	Bool		DB101.DBX0.1
电动机	Bool		DB101.DBX0.2

参考程序：双按钮安全启动 LAD 如图 1-2 所示。

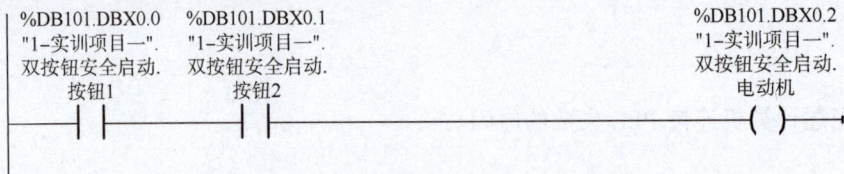

```
%DB101.DBX0.0      %DB101.DBX0.1                                    %DB101.DBX0.2
"1-实训项目一".     "1-实训项目一".                                  "1-实训项目一".
双按钮安全启动.     双按钮安全启动.                                   双按钮安全启动.
   按钮1              按钮2                                            电动机
    ┤├────────────────┤├───────────────────────────────────────────( )
```

图 1-2　双按钮安全启动 LAD

注：硬件地址 I/O 程序设计，请自行编写。

② 电动机自锁控制的控制要求如下。

(a) 单击"启动按钮"，电动机自锁运行。

(b) 单击"停止按钮"或电动机过载故障后，电动机停止。

I/O 分配表：电动机自锁 I/O 分配表如表 1-2 所示。

表 1-2　电动机自锁 I/O 分配表

名称	数据类型	硬件地址	触摸屏地址
启动按钮	Bool		DB101.DBX2.0
停止按钮	Bool		DB101.DBX2.1
过载故障	Bool		DB101.DBX2.2
电动机	Bool		DB101.DBX2.3

参考程序：电动机自锁控制 LAD 如图 1-3 所示。

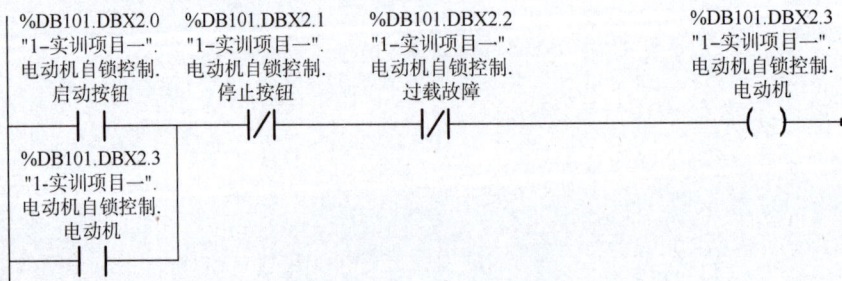

```
%DB101.DBX2.0      %DB101.DBX2.1      %DB101.DBX2.2                   %DB101.DBX2.3
"1-实训项目一".     "1-实训项目一".     "1-实训项目一".                 "1-实训项目一".
电动机自锁控制.     电动机自锁控制.     电动机自锁控制.                  电动机自锁控制.
   启动按钮            停止按钮            过载故障                        电动机
    ┤├────────────────┤/├────────────────┤/├──────────────────────────( )
%DB101.DBX2.3
"1-实训项目一".
电动机自锁控制.
   电动机
    ┤├────
```

图 1-3　电动机自锁控制 LAD

③ 设备多点报警的控制要求如下。

（a）电动机有跳闸、堵塞、超时 3 个报警点。

（b）要求任意一个报警点有报警信号指示灯按照 1 Hz 闪烁，直到单击"复位"按钮后故障才可清除。

I/O 分配表：设备多点报警 I/O 分配表如表 1-3 所示。

表 1-3　设备多点报警 I/O 分配表

名称	数据类型	硬件地址	触摸屏地址
跳闸报警	Bool		DB101.DBX4.0
堵塞报警	Bool		DB101.DBX4.1
超时报警	Bool		DB101.DBX4.2
复位按钮	Bool		DB101.DBX4.3
指示灯	Bool		DB101.DBX4.4

参考程序：设备多点报警 LAD 如图 1-4 所示。

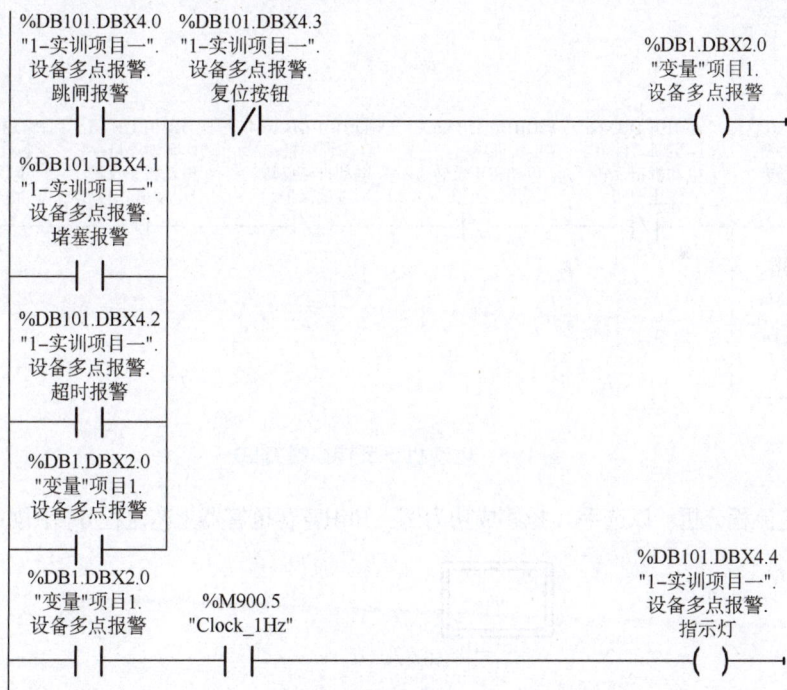

图 1-4　设备多点报警 LAD

④ 电动机正反转控制的控制要求如下。

（a）单击"正转按钮"电动机正转运行，单击"停止按钮"电动机停止运行。

（b）单击"反转按钮"电动机反转运行，单击"停止按钮"电动机停止运行。

（c）单击"急停按钮"，正转反转皆断开输出。

（d）控制中应注意正转反转不能同时有输出，需要添加互锁。

I/O 分配表：电动机正反转控制 I/O 分配表如表 1-4 所示。

表 1-4　电动机正反转控制 I/O 分配表

名称	数据类型	硬件地址	触摸屏地址
正转按钮	Bool		DB101. DBX6. 0
反转按钮	Bool		DB101. DBX6. 1
停止按钮	Bool		DB101. DBX6. 2
急停按钮	Bool		DB101. DBX6. 3
过载保护	Bool		DB101. DBX6. 4
电动机正转	Bool		DB101. DBX6. 5
电动机反转	Bool		DB101. DBX6. 6

参考程序：电动机正反转控制 LAD 如图 1-5 所示。

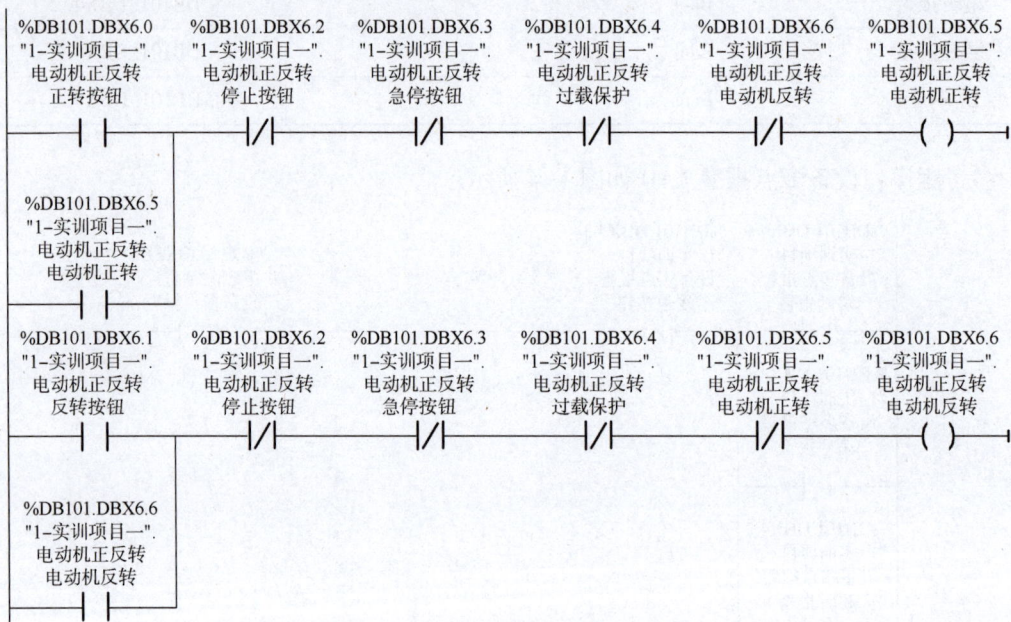

图 1-5　电动机正反转控制 LAD

（8）工艺流程分析：以选手 A 抢答成功为例，知识竞赛抢答器工艺流程分析图如图 1-6 所示。

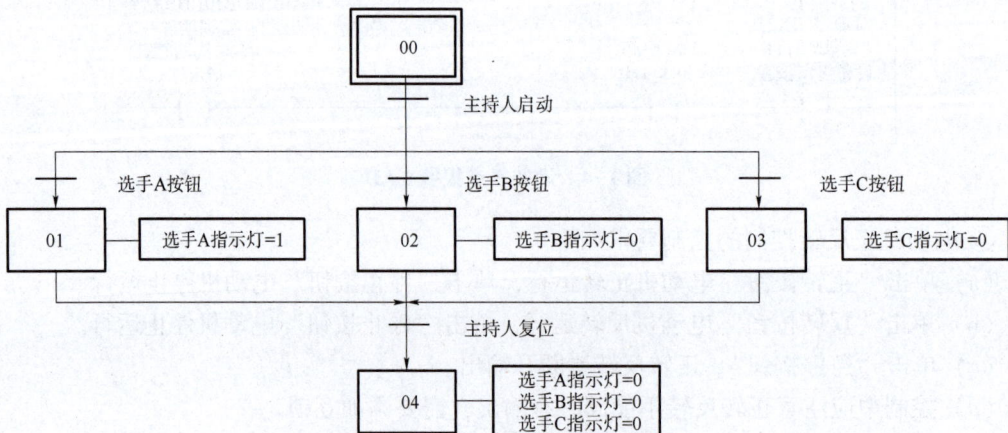

图 1-6　知识竞赛抢答器工艺流程分析图

（9）根据工艺流程分析填写 I/O 分配表，如表 1-5 所示。

表 1-5　实训项目一 I/O 分配表

输入点			
名称	数据类型	地址	备注
选手 A 按钮	Bool	DB101. DBX8. 0	对应触摸屏变量
选手 B 按钮	Bool	DB101. DBX8. 1	对应触摸屏变量
选手 C 按钮	Bool	DB101. DBX8. 2	对应触摸屏变量
主持人开始按钮	Bool	DB101. DBX8. 3	对应触摸屏变量
主持人复位按钮	Bool	DB101. DBX8. 4	对应触摸屏变量
输出点			
名称	数据类型	地址	备注
选手 A 指示灯	Bool	DB101. DBX10. 0	对应触摸屏变量
选手 B 指示灯	Bool	DB101. DBX10. 1	对应触摸屏变量
选手 C 指示灯	Bool	DB101. DBX10. 2	对应触摸屏变量

二、制订计划

制订计划并填写表 1-6 所示的计划表。

表 1-6 计划表

学习情境		小组名称		日期	
学习任务		小组成员			

为了准备实践工作任务，必须制订必要的工作步骤计划，且工作步骤顺序要有意义。请将工作步骤计划写在下面

序号	工作步骤（关键词语或简短语句即可）

三、做出决策

做出决策并填写表 1-7 所示的决策表。

表 1-7　决策表

学习情境			小组名称		日期	
学习任务			小组成员			

计划 （方案）	比较项目				确定计划 （方案）
	合理性	可操作性	实施难度	实施时间	
1	□优 □中 □差	□易 □中 □难	□易 □中 □难	□短 □中 □长	
2	□优 □中 □差	□易 □中 □难	□易 □中 □难	□短 □中 □长	
3	□优 □中 □差	□易 □中 □难	□易 □中 □难	□短 □中 □长	

计划（方案）简要说明：

组长		教师	

四、实施任务

1. 设备检查

实训项目一设备检查表如表 1-8 所示。

表 1-8　实训项目一设备检查表

检查表				
序号	检查工作	检测点	检测结果	备注
1	电源电压	Q_1 断路器	220 V	
2	24 V 控制电压	Q_2 断路器	24 V	
3	计算机与 PLC 通信是否成功	—	□是/□否	
4	触摸屏与 PLC 通信是否成功	—	□是/□否	
5	触摸屏与 PLC 点位对应是否正确	—	□是/□否	

2. 编写程序

根据顺序功能图编写程序，编写程序时使用决策中确定的方案。

在以下空白处填写程序架构搭建方式、编程思路、程序主体与程序编写中所遇到的问题等。

3. 程序调试

下载程序，进行调试，列出调试过程中出现的问题。

4. 功能测试

实训项目一功能测试表如表 1-9 所示。

表 1-9　实训项目一功能测试表

功能测试表				
序号	检查工作	自评	教师	备注
1	主持人未单击抢答"开始"按钮时，选手按钮是否无效	□是/□否	□是/□否	
2	主持人单击抢答"开始"按钮后，选手是否可以抢答	□是/□否	□是/□否	
3	一个选手抢答成功后，其他选手是否不允许抢答	□是/□否	□是/□否	
4	主持人单击"复位"按钮后是否进行状态复位	□是/□否	□是/□否	
5	再次测试以上流程，检查程序是否具备再次运行的功能	□是/□否	□是/□否	

五、检测评估

实训项目一自评互评表如表1-10所示。

表1-10　实训项目一自评互评表

自评互评表							
学习情境					学时		
学习任务					组长		
成员							
评价项目		评定标准		自评	互评	团队	教师
专业能力（49分）	安全操作	无违章操作，未发生安全事故 □优（0）　□中（-10）　□差（-20）					
	工作计划	计划合理、可操作性强 □优（7）　□中（4）　□差（2）					
	I/O地址分配表	准确、无误 □优（6）　□中（4）　□差（2）					
	功能描述	描述清楚，顺序流程符合控制工艺要求 □优（8）　□中（5）　□差（2）					
	程序编制	程序运行可靠、无缺陷，能够实现预期的控制功能 □优（10）　□中（5）　□差（2）					
	程序调试	调试方法正确，工具仪器使用得当 □优（8）　□中（5）　□差（2）					
	功能实现	符合设计要求和工艺标准 □优（10）　□中（5）　□差（3）					
方法能力（30分）	独立学习的能力	在教师的指导下，借助学习资料，能够独立学习新知识和新技能，完成工作任务 □优（8）　□中（5）　□差（2）					
	分析并解决问题的能力	在教师的指导下，独立解决工作中出现的各种问题，顺利完成工作任务 □优（8）　□中（5）　□差（2）					
	获取信息能力	通过网络、专业书籍、技术手册等获取信息，整理资料，获取所需知识 □优（7）　□中（4）　□差（2）					
	整体工作能力	根据工作任务，制订、实施工作计划，进行工作过程和产品质量的控制与管理 □优（7）　□中（4）　□差（2）					

续表

评价项目		评定标准	自评	互评	团队	教师
社会能力 (21 分)	团队协作和沟通能力	工作过程中，团队成员之间相互沟通与协商，具备良好的群体意识，通力合作，圆满完成工作任务 □优（7）　□中（5）　□差（3）				
	工作任务的组织管理能力	能完成工作过程组织与管理，与相关人员协作，注意劳动安全 □优（7）　□中（5）　□差（3）				
	工作责任心与职业道德	具备良好的工作责任心、社会责任心、群体意识和职业道德 □优（7）　□中（4）　□差（2）				
小计						
总分（自评×15%＋互评×15%＋团队×30%＋教师×40%）						

评语：

学生		教师		日期	

六、项目交付

实训项目一交付单如表 1-11 所示。

表 1-11　实训项目一交付单

项目交付单			
项目名称		学生	
工作时间		完成时间	
工作地点		检验教师	
编程思路与体会			
程序缺陷与改进分析			
程序缺陷		改进分析	
项目评价			

资料页

（一）位逻辑指令

位逻辑指令

位逻辑指令处理的对象为二进制信号。位逻辑指令扫描信号状态 "1" 和 "0" 位，并根据布尔逻辑对它们进行组合，所产生的结果（"0" 或 "1"）称为逻辑运算结果（Result of Logic Operation，RLO）。位逻辑指令如表 1-12 所示。

表 1-12　位逻辑指令

指令	参数	说明
常开触点 ‹???› ┤ ├	声明：INPUT。 数据类型：Bool。 存储区：I、Q、M、D、L、T、C 或常量	常开触点的激活取决于相关操作数的信号状态。当操作数的信号状态为 "1" 时，常开触点将关闭，同时输出的信号状态置位为输入的信号状态。 当操作数的信号状态为 "0" 时，不会激活常开触点，同时该指令输出的信号状态复位为 "0"
常闭触点 ‹???› ┤/├	声明：INPUT。 数据类型：Bool。 存储区：I、Q、M、D、L、T、C 或常量	常闭触点的激活取决于相关操作数的信号状态。当操作数的信号状态为 "1" 时，常闭触点将打开，同时该指令输出的信号状态复位为 "0"。 当操作数的信号状态为 "0" 时，不会启用常闭触点，同时将该输入的信号状态传输到输出
取反 ┤NOT├	—	使用 "取反 RLO" 指令，可对 RLO 的信号状态进行取反。如果该指令输入的信号状态为 "1"，则指令输出的信号状态为 "0"；如果该指令输入的信号状态为 "0"，则输出的信号状态为 "1"
线圈 ‹???› ( )	声明：OUTPUT。 数据类型：Bool。 存储区：I、Q、M、D、L	可以使用 "赋值" 指令来置位指定操作数的位。如果线圈输入的 RLO 信号状态为 "1"，则将指定操作数的信号状态置位为 "1"；如果线圈输入的 RLO 信号状态为 "0"，则指定操作数的位将复位为 "0"
赋值取反 ‹???› ┤/├	声明：OUTPUT。 数据类型：Bool。 存储区：I、Q、M、D、L	使用 "赋值取反" 指令，可将 RLO 进行取反，然后将其赋值给指定操作数。线圈输入的 RLO 为 "1" 时，复位操作数；线圈输入的 RLO 为 "0" 时，操作数的信号状态置位为 "1"

（二）置位复位指令

置位/复位指令如表1-13所示。

置位复位指令

表1-13 置位/复位指令

指令	参数	说明
置位输出 <???> ——(S)——	声明：OUTPUT。 数据类型：Bool。 存储区：I、Q、M、D、L	使用"置位输出"指令，可将指定操作数的信号状态置位为"1"。 仅当线圈输入的RLO为"1"时，才执行该指令。如果信号流过线圈（RLO="1"），则指定的操作数置位为"1"。如果线圈输入的RLO为"0"（没有信号流过线圈），则指定操作数的信号状态将保持不变
复位输出 <???> ——(R)——	声明：OUTPUT。 数据类型：Bool。 存储区：I、Q、M、D、L	可以使用"复位输出"指令将指定操作数的信号状态复位为"0"。 仅当线圈输入的RLO为"1"时，才执行该指令。如果信号流过线圈（RLO="1"），则指定的操作数复位为"0"。如果线圈输入的RLO为"0"（没有信号流过线圈），则指定操作数的信号状态将保持不变
置位位域 <???> ——(SET_BF)—— <???>	声明：OUTPUT。 数据类型：Bool。 存储区：I、Q、M、DB或IDB、Bool类型的ARRAY[…]中的元素	使用"置位位域"（Set Bit Field）指令，可对从某个特定地址开始的多个位进行置位
复位位域 <???> —(RESET_BF)— <???>	声明：OUTPUT。 数据类型：Bool。 存储区：I、Q、M、DB或IDB、Bool类型的ARRAY[…]中的元素	可以使用"复位位域"（Reset Bit Field）指令复位从某个特定地址开始的多个位
复位优先 <???> SR S ... Q R1	存储区：I、Q、M、D、L或常量。 R1存储区：I、Q、M、D、L、T、C或常量。 <操作数>存储区：I、Q、M、D、L。 Q存储区：I、Q、M、D、L	可以使用"置位复位触发器"指令，根据输入S和R1的信号状态，置位或复位指定操作数的位。如果输入S的信号状态为"1"且输入R1的信号状态为"0"，则将指定的操作数置位为"1"。如果输入S的信号状态为"0"且输入R1的信号状态为"1"，则将指定的操作数复位为"0"。 输入R1的优先级高于输入S。输入S和R1的信号状态都为"1"时，指定操作数的信号状态将复位为"0"。 如果输入S和R1的信号状态都为"0"，则不会执行该指令，因此操作数的信号状态保持不变。 操作数的当前信号状态被传送到输出Q，并可在此进行查询

指令	参数	说明
置位优先 <???> RS R Q S1	存储区：I、Q、M、D、L 或常量。 S1 存储区：I、Q、M、D、L、T、C 或常量。 <操作数>存储区：I、Q、M、D、L。 Q 存储区：I、Q、M、D、L	可以使用"置位复位触发器"指令，根据输入 R 和 S1 的信号状态，置位或复位指定操作数的位。如果输入 R 的信号状态为"1"且输入 S1 的信号状态为"0"，则将指定的操作数置位为"0"。如果输入 R 的信号状态为"0"且输入 S1 的信号状态为"1"，则将指定的操作数复位为"1"。 输入 S1 的优先级高于输入 R。输入 R 和 S1 的信号状态都为"1"时，指定操作数的信号状态将复位为"1"。 如果输入 R 和 S1 的信号状态都为"0"，则不会执行该指令，因此操作数的信号状态保持不变。 操作数的当前信号状态被传送到输出 Q，并可在此进行查询

（三）LAD 分支

1. 有关 LAD 中分支的基本信息

使用 LAD 编程语言时，可以使用分支来设计并联电路。分支插在主梯级中。可以将多个触点插入分支中，从而实现并联电路，这样便能设计复杂的 LAD。

图 1-7 所示为分支程序示例图。

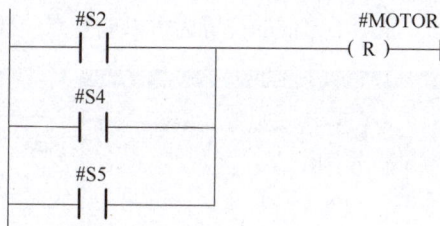

图 1-7　分支程序示例图

满足下列条件之一时，MOTOR 信号为"1"。

（1）S2 或 S4 信号为"1"。

（2）S5 信号为"0"。

2. LAD 中分支的规则

（1）只有在主分支包含一个 LAD 元素时，才能插入一个并行分支。

（2）并行分支向下打开或直接连接到电源线，并行分支向上终止。

（3）并行分支在所选 LAD 元素之后打开。

（4）并行分支在所选 LAD 元素之后终止。

（5）要删除并行分支，必须删除该分支中的所有 LAD 元素。从分支中删除最后一个 LAD 元素时，还会删除该分支的剩余部分。

（6）从电源线端直接开始并联时，该并联结构中只能插入一个线圈。

3. 在 LAD 程序段中插入分支

要求：有一个可用的程序段，程序段包含元素，插入可用分支示例图如图 1-8 所示。

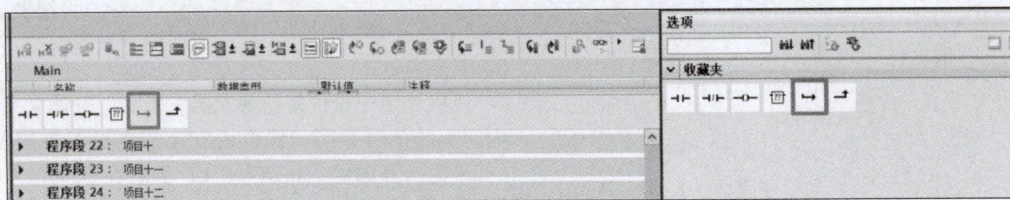

图1-8 插入可用分支示例图

4. 在 LAD 程序段中关闭分支

要求：关闭有一个可用的分支，关闭分支示例图如图 1-9 所示。

图1-9 关闭分支示例图

5. 在 LAD 程序段中删除分支

要求：有一个可用的分支。

操作方式：直接选择分支按 Delete 键。

6. 插入指令

直接拖动指令到编辑画面，显示小方框的位置为可以放置点，插入指令示例如图 1-10 所示。

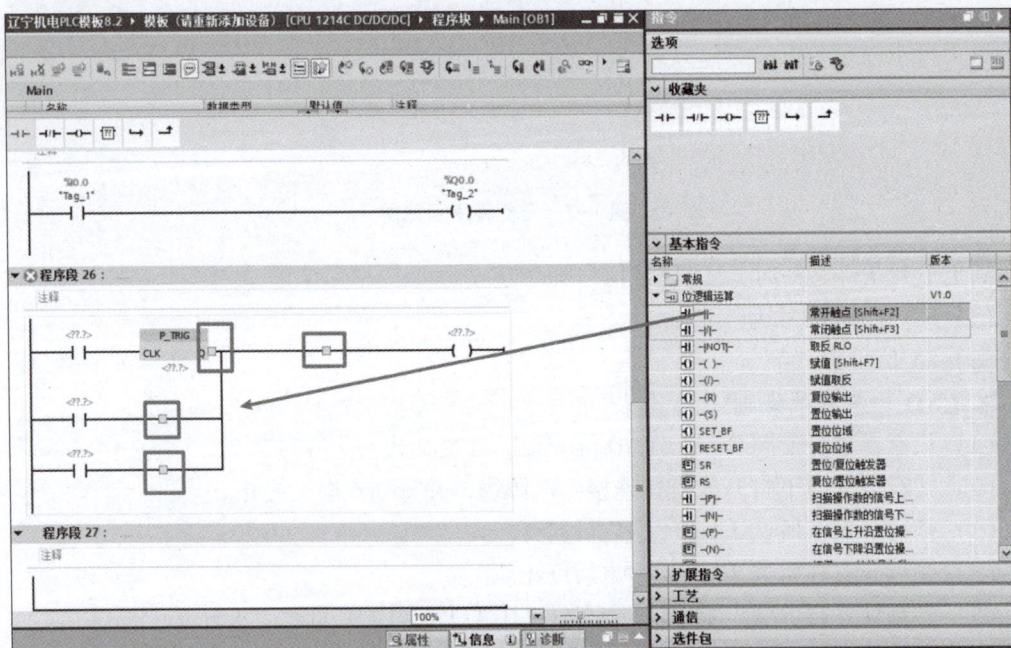

图1-10 插入指令示例图

实训项目二 物料输送带控制系统

【学习目标】

（1）正确使用生成脉冲定时器指令。

（2）正确使用接通延时定时器指令。

（3）正确使用关断延时定时器指令。

【建议学时】

4 学时。

【情景描述】

物料输送带控制系统模拟示意图如图 2-1 所示。

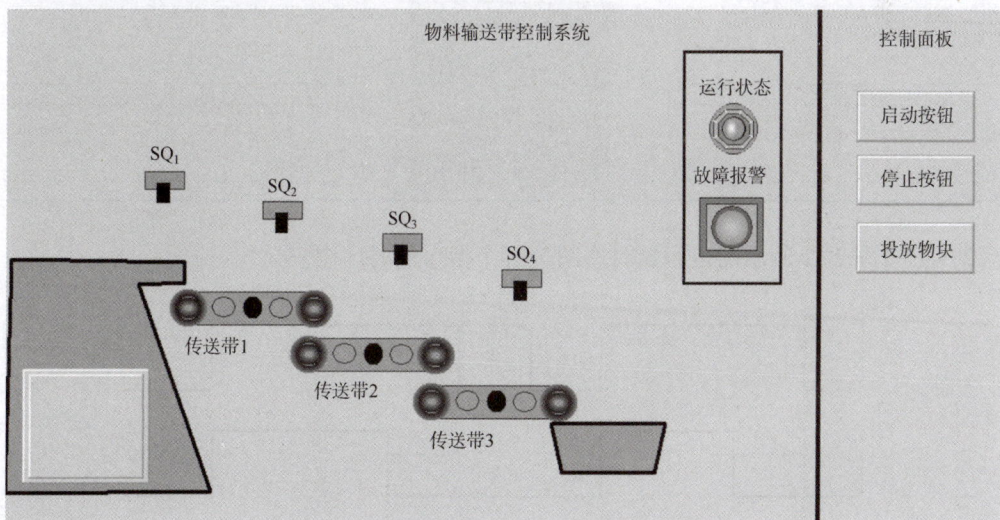

图 2-1　物料输送带控制系统模拟示意图

物料输送带控制系统的控制要求如下。

（1）单击"启动按钮"，系统开始进入运行状态。

（2）当有零件经过接近开关 SQ_1 时，启动传送带 1。

（3）当有零件经过接近开关 SQ_2 时，启动传送带 2。

（4）当有零件经过接近开关 SQ$_3$ 时，启动传送带 3。

（5）如果 SQ$_1$~SQ$_3$ 在传送带上 60 s 未检测到零件，视为故障，需要闪烁报警。

（6）如果 SQ$_1$ 在 100 s 内未检测到零件，则停止全部传送带。

（7）单击"停止按钮"，全部传送带停止。

【项目实施】

一、信息收集

通过专业书籍、网络、标准与规范或资料页等信息源获取以下信息和知识，并将内容补充完整。

（1）查询资料页或帮助，补充指令的管脚作用。

（2）分析图 2-2 所示的定时器时序图为哪个指令的时序图。

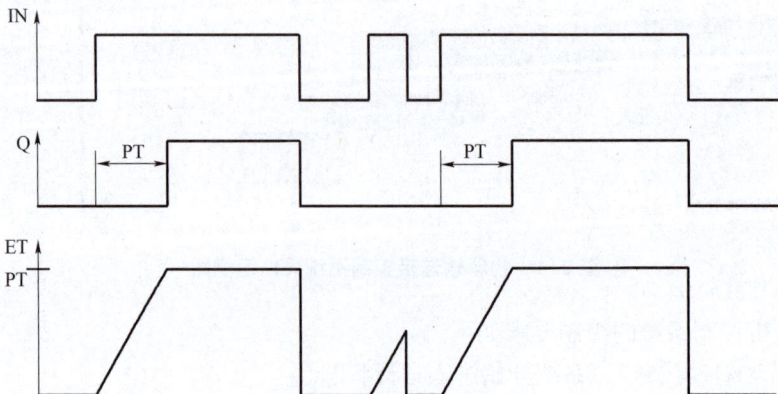

图 2-2　定时器时序图

（3）分析并测试图 2-3 所示的程序段 1，当输入信号接通时，定时器是否开始计时，为什么？

图 2-3　程序段 1

（4）前置任务。

① 洗手池自动冲水的控制要求：当人手接触到感应开关，洗手池水龙头自动出水，延时 10 s 后水龙头自动停止出水。

I/O 分配表：洗手池自动冲水 I/O 分配表如表 2-1 所示。

表 2-1　洗手池自动冲水 I/O 分配表

名称	数据类型	硬件地址	触摸屏地址
感应开关	Bool		DB102.DBX0.0
出水阀	Bool		DB102.DBX0.1

参考程序：洗手池自动冲水 LAD 如图 2-4 所示。

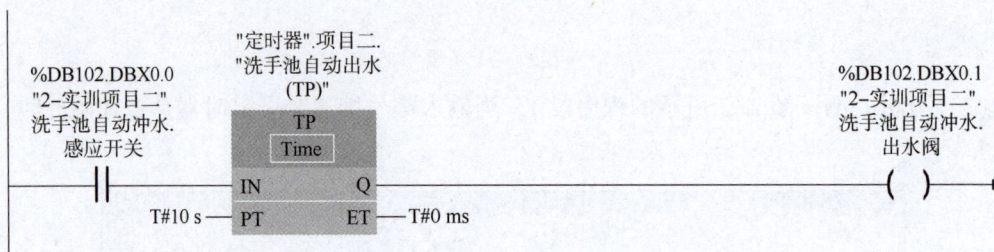

图 2-4　洗手池自动冲水 LAD

② 按钮滤波的控制要求：对一个光电开关进行滤波，滤波时间为 1 s。

注：试想一下，在一个精密自动化系统中，若一只飞蛾飞过了传感器检测点，会对设备造成什么样的影响？

I/O 分配表：按钮滤波 I/O 分配表如表 2-2 所示。

表 2-2　按钮滤波 I/O 分配表

名称	数据类型	硬件地址	触摸屏地址
光电开关	Bool		DB102.DBX2.0
输出	Bool		DB102.DBX2.1

参考程序：按钮滤波 LAD 如图 2-5 所示。

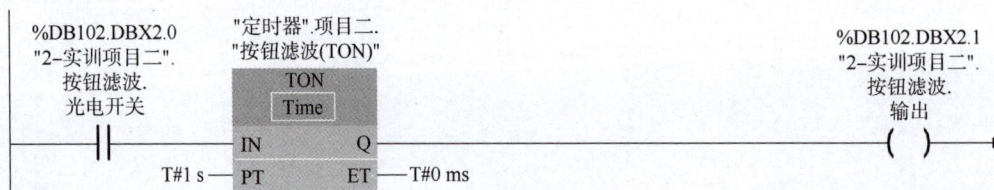

图 2-5　按钮滤波 LAD

③ 阀门延时关闭的控制要求：当水位在低位时，阀门自动加水；当水位到高位后，阀门延时 20 s 关闭。

注：请思考若没有延时关闭阀门会出现什么状况。阀门延时关闭示意图如图 2-6 所示。

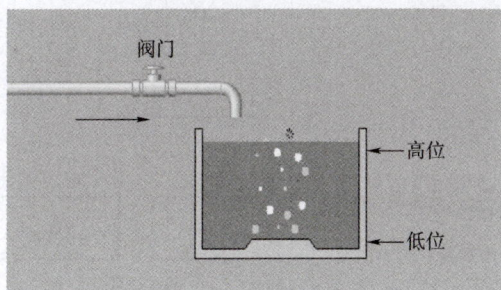

图 2-6 阀门延时关闭示意图

I/O 分配表：阀门延时关闭 I/O 分配表如表 2-3 所示。

表 2-3 阀门延时关闭 I/O 分配表

名称	数据类型	硬件地址	触摸屏地址
高位	Bool		DB102. DBX4. 0
低位	Bool		DB102. DBX4. 1
阀门	Bool		DB102. DBX4. 2

参考程序：阀门延时关闭 LAD 如图 2-7 所示。

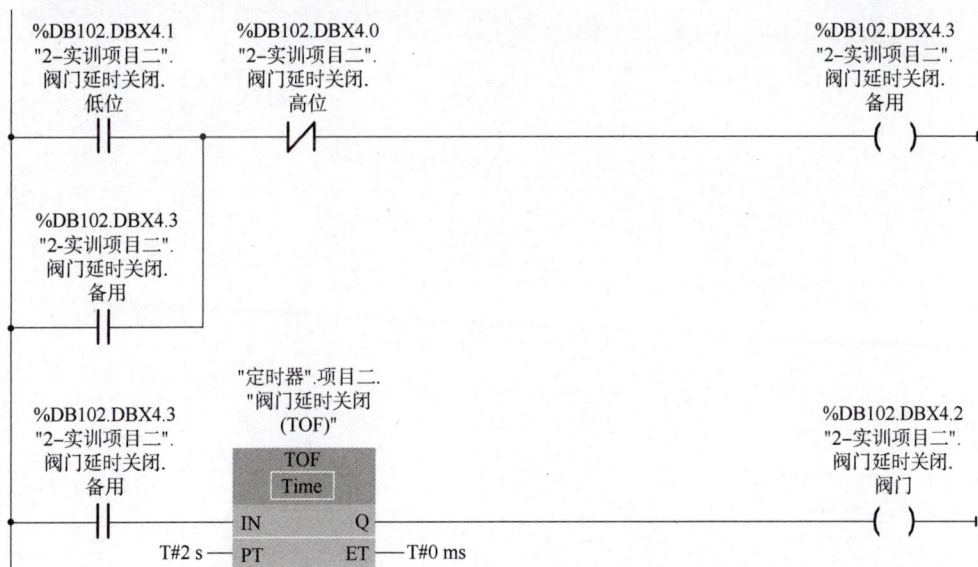

图 2-7 阀门延时关闭 LAD

（5）工艺流程分析：参考工艺流程如图 2-8 所示。

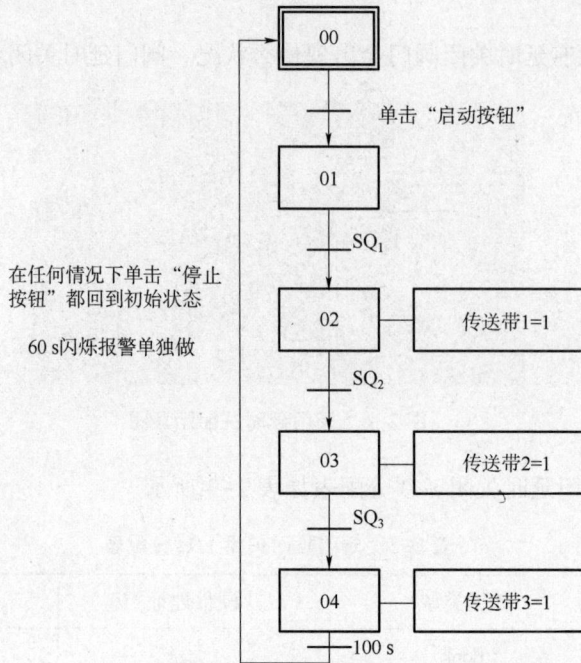

图 2-8　参考工艺流程

（6）根据工艺流程分析并填写 I/O 分配表，如表 2-4 所示。

表 2-4　实训项目二 I/O 分配表

输入点			
名称	数据类型	地址	备注
启动按钮	Bool	DB102. DBX6. 0	对应触摸屏变量
停止按钮	Bool	DB102. DBX6. 1	对应触摸屏变量
SQ_1	Bool	DB102. DBX6. 2	对应触摸屏变量
SQ_2	Bool	DB102. DBX6. 3	对应触摸屏变量
SQ_3	Bool	DB102. DBX6. 4	对应触摸屏变量
SQ_4	Bool	DB102. DBX6. 5	对应触摸屏变量
输出点			
名称	数据类型	地址	备注
传送带 1	Bool	DB102. DBX8. 0	对应触摸屏变量
传送带 2	Bool	DB102. DBX8. 1	对应触摸屏变量
传送带 3	Bool	DB102. DBX8. 2	对应触摸屏变量
运行指示灯	Bool	DB102. DBX8. 3	对应触摸屏变量
报警指示灯	Bool	DB102. DBX8. 4	对应触摸屏变量

实训项目二　物料输送带控制系统

二、制订计划

制订计划并填写表 2-5 所示的计划表。

表 2-5　计划表

学习情境		小组名称		日期	
学习任务		小组成员			

为了准备实践工作任务，必须制订必要的工作步骤计划，且工作步骤顺序要有意义。请将工作步骤计划写在下面

序号	工作步骤（关键词语或简短语句即可）

三、做出决策

做出决策并填写表 2-6 所示的决策表。

表 2-6　决策表

学习情境			小组名称		日期	
学习任务			小组成员			

计划（方案）	比较项目				确定计划（方案）
	合理性	可操作性	实施难度	实施时间	
1	□优 □中 □差	□易 □中 □难	□易 □中 □难	□短 □中 □长	
2	□优 □中 □差	□易 □中 □难	□易 □中 □难	□短 □中 □长	
3	□优 □中 □差	□易 □中 □难	□易 □中 □难	□短 □中 □长	

计划（方案）简要说明：

组长			教师	

四、实施任务

1. 设备检查

实训项目二设备检查表如表 2-7 所示。

表 2-7　实训项目二设备检查表

检查表				
序号	检查工作	检测点	检测结果	备注
1	电源电压	Q_1 断路器	220 V	
2	24 V 控制电压	Q_2 断路器	24 V	
3	计算机与 PLC 通信是否成功	—	□是/□否	
4	触摸屏与 PLC 通信是否成功	—	□是/□否	
5	触摸屏与 PLC 点位对应是否正确	—	□是/□否	

2. 编写程序

根据顺序功能图编写程序，编写程序时使用决策中确定的方案。

在以下空白处填写程序架构搭建方式、编程思路、程序主体与程序编写中所遇到的问题等。

3. 程序调试

下载程序，进行调试，列出调试过程中出现的问题。

4. 功能测试

实训项目二功能测试表如表 2-8 所示。

表 2-8　实训项目二功能测试表

功能测试表				
序号	检查工作	自评	教师	备注
1	单击"启动按钮"，系统是否进入准备状态	□是/□否	□是/□否	
2	当有零件经过接近开关 SQ_1 时，是否启动传送带 1	□是/□否	□是/□否	
3	当有零件经过接近开关 SQ_2 时，是否启动传送带 2	□是/□否	□是/□否	
4	当有零件经过接近开关 SQ_3 时，是否启动传送带 3	□是/□否	□是/□否	
5	如果 $SQ_1 \sim SQ_3$ 在传送带上 60 s 未检测到零件，故障报警是否闪烁	□是/□否	□是/□否	
6	如果 SQ_1 在 100 s 内未检测到零件，所有传送带是否停止	□是/□否	□是/□否	
7	单击"停止按钮"，全部传送带是否停止	□是/□否	□是/□否	

五、检测评估

实训项目二自评互评表如表2-9所示。

表2-9　实训项目二自评互评表

自评互评表						
学习情境				学时		
学习任务				组长		
成员						
评价项目		评定标准	自评	互评	团队	教师
专业能力（49分）	安全操作	无违章操作，未发生安全事故 □优（0）　□中（-10）　□差（-20）				
	工作计划	计划合理、可操作性强 □优（7）　□中（4）　□差（2）				
	I/O 地址分配表	准确、无误 □优（6）　□中（4）　□差（2）				
	功能描述	描述清楚，顺序流程符合控制工艺要求 □优（8）　□中（5）　□差（2）				
	程序编制	程序运行可靠、无缺陷，能够实现预期的控制功能 □优（10）　□中（5）　□差（2）				
	程序调试	调试方法正确，工具仪器使用得当 □优（8）　□中（5）　□差（2）				
	功能实现	符合设计要求和工艺标准 □优（10）　□中（5）　□差（3）				
方法能力（30分）	独立学习的能力	在教师的指导下，借助学习资料，能够独立学习新知识和新技能，完成工作任务 □优（8）　□中（5）　□差（2）				
	分析并解决问题的能力	在教师的指导下，独立解决工作中出现的各种问题，顺利完成工作任务 □优（8）　□中（5）　□差（2）				
	获取信息能力	通过网络、专业书籍、技术手册等获取信息，整理资料，获取所需知识 □优（7）　□中（4）　□差（2）				
	整体工作能力	根据工作任务，制订、实施工作计划，进行工作过程和产品质量的控制与管理 □优（7）　□中（4）　□差（2）				

评价项目		评定标准	自评	互评	团队	教师
社会 能力 (21分)	团队协作和 沟通能力	工作过程中，团队成员之间相互沟通与协商，具备良好的群体意识，通力合作，圆满完成工作任务 □优（7）　□中（5）　□差（3）				
	工作任务的 组织管理 能力	能完成工作过程组织与管理，与相关人员协作，注意劳动安全 □优（7）　□中（5）　□差（3）				
	工作责任心 与职业道德	具备良好的工作责任心、社会责任心、群体意识和职业道德 □优（7）　□中（4）　□差（2）				
小计						
总分（自评×15%+互评×15%+团队×30%+教师×40%）						

评语：

学生		教师		日期	

六、项目交付

实训项目二交付单如表 2-10 所示。

表 2-10　实训项目二交付单

项目交付单			
项目名称		学生	
工作时间		完成时间	
工作地点		检验教师	
编程思路与体会			
程序缺陷与改进分析			
程序缺陷		改进分析	
项目评价			

资料页

（一）IEC 定时器

S7-1200 的定时器为国际电工委员会（International Electrotechnical Commission，IEC）定时器，用户程序中可以使用的定时器数量仅受 CPU 的存储器容量限制。

使用定时器需要使用定时器相关的背景 DB 或者数据类型为 IEC_TIMER（或 TP_TIME、TON_TIME、TOF_TIME、TONR_TIME）的 DB 变量，上述不同的变量代表着不同的定时器。

S7-1200 包含 4 种定时器：生成脉冲定时器（Timer Pulse，TP）、接通延时定时器（Timer ON-Delay，TON）、关断延时定时器（Timer OFF-Delay，TOF）、时间累加器（Timer Accumulator，TONR）。

此外还包含复位定时器（Real Time，RT）和加载持续时间（Preset Time，PT）这两个指令。

定时器指令位置如图 2-9 所示，这 4 种定时器都有功能框和线圈型两种。

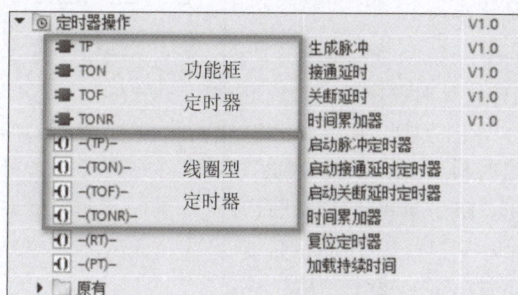

图 2-9　定时器指令位置

定时器指令的使用和时序图如表 2-11 所示。

表 2-11　定时器指令的使用和时序图

指令	说明	时序图	
生成脉冲 "TP_DB" TP Time IN　Q PT　ET	IN 从"0"变为"1"，定时器启动，Q 立即输出"1"；当 ET＜PT 时，IN 的改变不影响 Q 的输出和 ET 的计时。 　当 ET＝PT 时，ET 立即停止计时，Q 立即输出"0"。此时如果 IN 为"0"，ET 回到"0"；如果 IN 为"1"，ET 保持		 生成脉冲 定时器
接通延时 "TON_DB" TON Time IN　Q PT　ET	IN 从"0"变为"1"，定时器启动。 　当 ET＝PT 时，Q 立即输出"1"，ET 立即停止计时并保持。 　在任意时刻，只要 IN 变为"0"，ET 立即停止计时并回到"0"，Q 输出"0"		 接通延时 定时器

续表

指令	说明	时序图	
关断延时 "TOF_DB" TOF Time IN — — Q PT — — ET	只要 IN 为"1"，Q 立即输出为"1"。 IN 从"1"变为"0"，定时器启动。 当 ET=PT 时，Q 立即输出"0"，ET 立即停止计时并保持。 在任意时刻，只要 IN 变为"1"，ET 立即停止计时并回到"0"		关断延时 定时器
时间累加器 "TONR_DB" TONR Time IN — — Q R — — ET PT —	只要 IN 为"0"，Q 立即输出为"0"。 IN 从"0"变为"1"，定时器启动。 当 ET<PT，IN 为"1"，则 ET 保持计时；IN 为"0"时，ET 立即停止计时并保持。 当 ET=PT 时，Q 立即输出"1"；ET 立即停止计时并保持，直到 IN 变为"0"，ET 回到"0"。 在任意时刻，当 R 为"1"时，Q 输出"0"，ET 立即停止计时并回到"0"。当 R 从"1"变为"0"时，如果此时 IN 为"1"，定时器启动		保持型接通 延时定时器

（二）定时器的创建

S7-1200 定时器的创建有以下几种方法。

（1）把功能框指令直接拖动到块中，自动生成定时器的背景 DB。通过"调用选项"对话框可选择"单个实例"数据块，还可以从数据块的"名称"下拉列表框中选择具体的数据块，如图 2-10 所示。

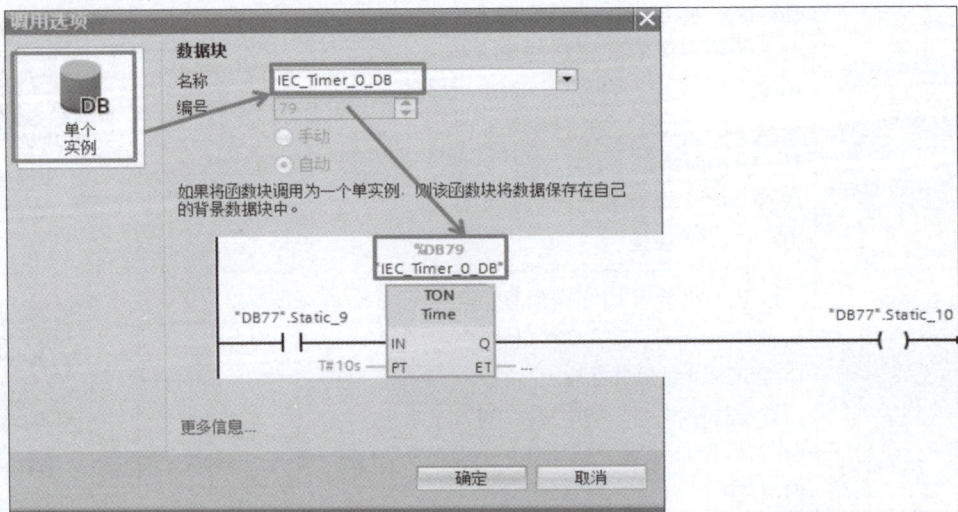

图 2-10 定时器指令直接调用示例

（2）功能框指令直接拖动到 FB 中，生成多重背景，如图 2-11 所示。

图 2-11 定时器指令拖动到 FB 中示例

（3）从 TIA Portal V14 开始，功能框指令直接拖动到 FB、FC 中，生成参数实例，如图 2-12 所示。

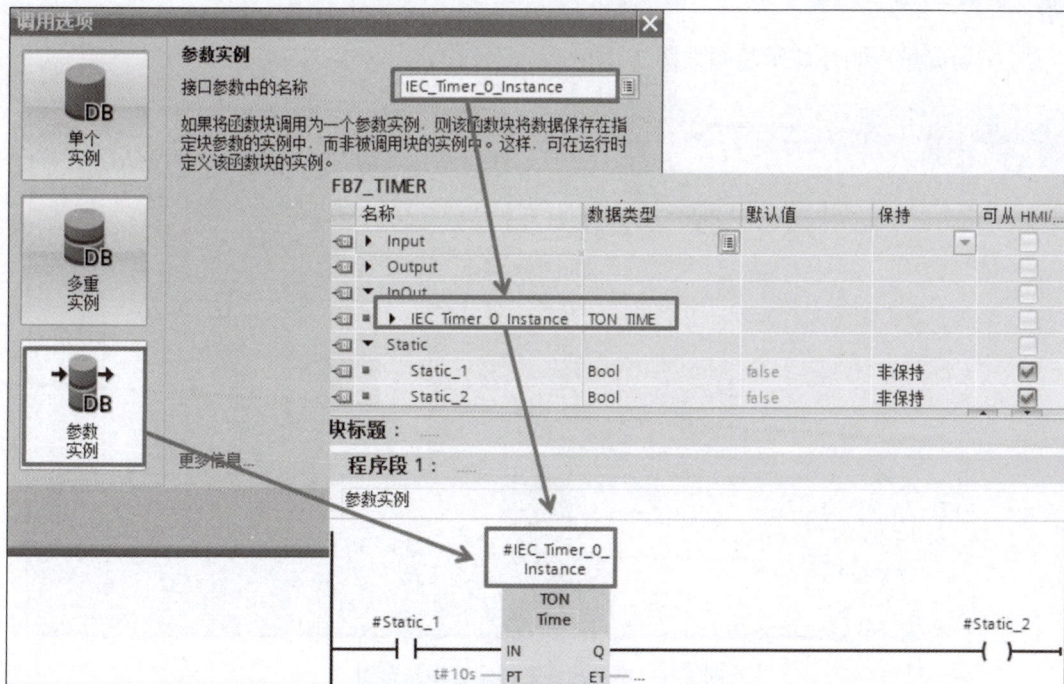

图 2-12 定时器指令拖动到 FB、FC 中示例

实训项目三 停车场流量控制系统

【学习目标】

(1) 正确使用加计数器指令。

(2) 正确使用减计数器指令。

(3) 正确使用加减计数器指令。

【建议学时】

4 学时。

【情景描述】

停车场流量控制系统示意图如图 3-1 所示。

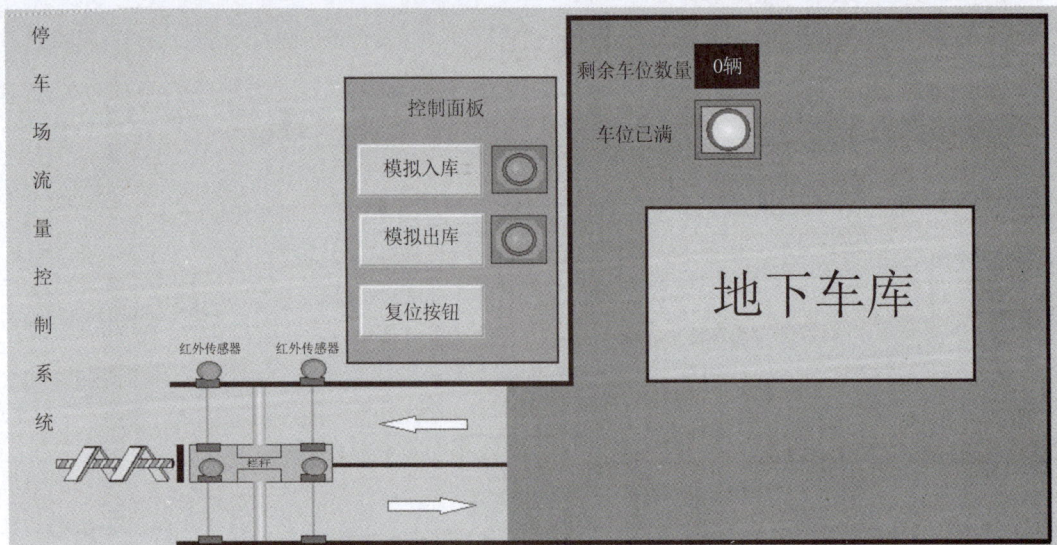

图 3-1 停车场流量控制系统示意图

停车场流量控制系统的控制要求如下。

(1) 停车场车位有 100 个。

(2) 停车场入口与出口都有传感器检测，要求检测到有车时自动抬杆。

（3）要求可以自动计算停车场车位并显示。

（4）注意进出检测滤波，防止微弱信号干扰计数。

（5）道闸下方的车辆感应器起到防止砸车的作用。

（6）车辆进入停车场后，道闸落杆，允许下一辆车进入。

（7）车辆开出停车场和进入停车场的控制要求相同。

【项目实施】

一、信息收集

通过专业书籍、网络、标准与规范或资料页等信息源获取以下信息和知识，并将内容补充完整。

（1）查询资料页或帮助，补充指令的管脚作用。

	CTU ???	
	CU　　　Q	
	R　　　CV	
	PV	

	CTD ???	
	CD　　　Q	
	LD　　　CV	
	PV	

	CTUD ???	
	CU　　　QU	
	CD　　　QD	
	R　　　CV	
	LD	
	PV	

（2）分析并测试图 3-2 所示的程序段 1。

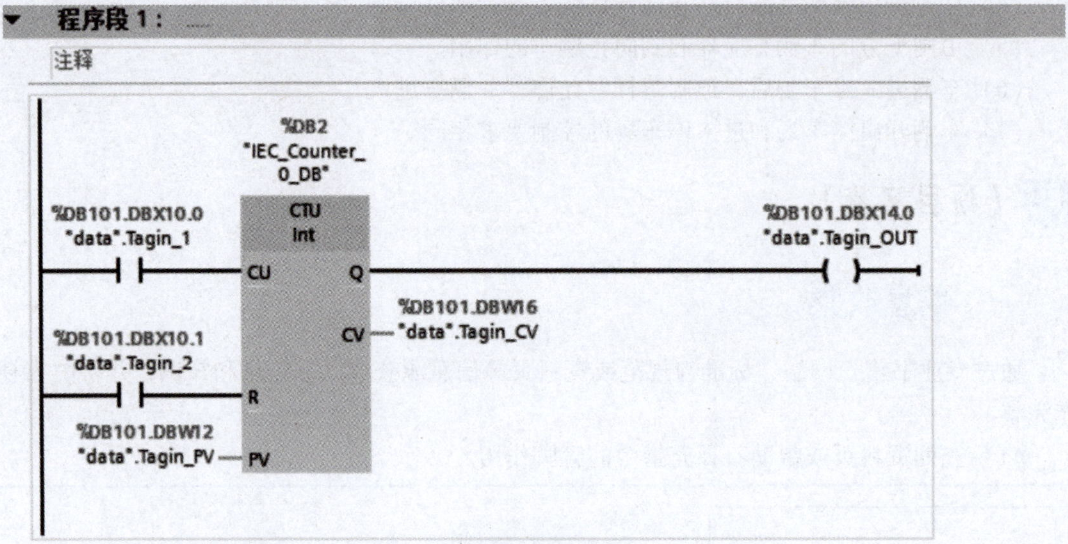

程序段 1: _____

注释

图 3-2　程序段 1

（3）分析并测试图 3-3 所示的程序段 2。

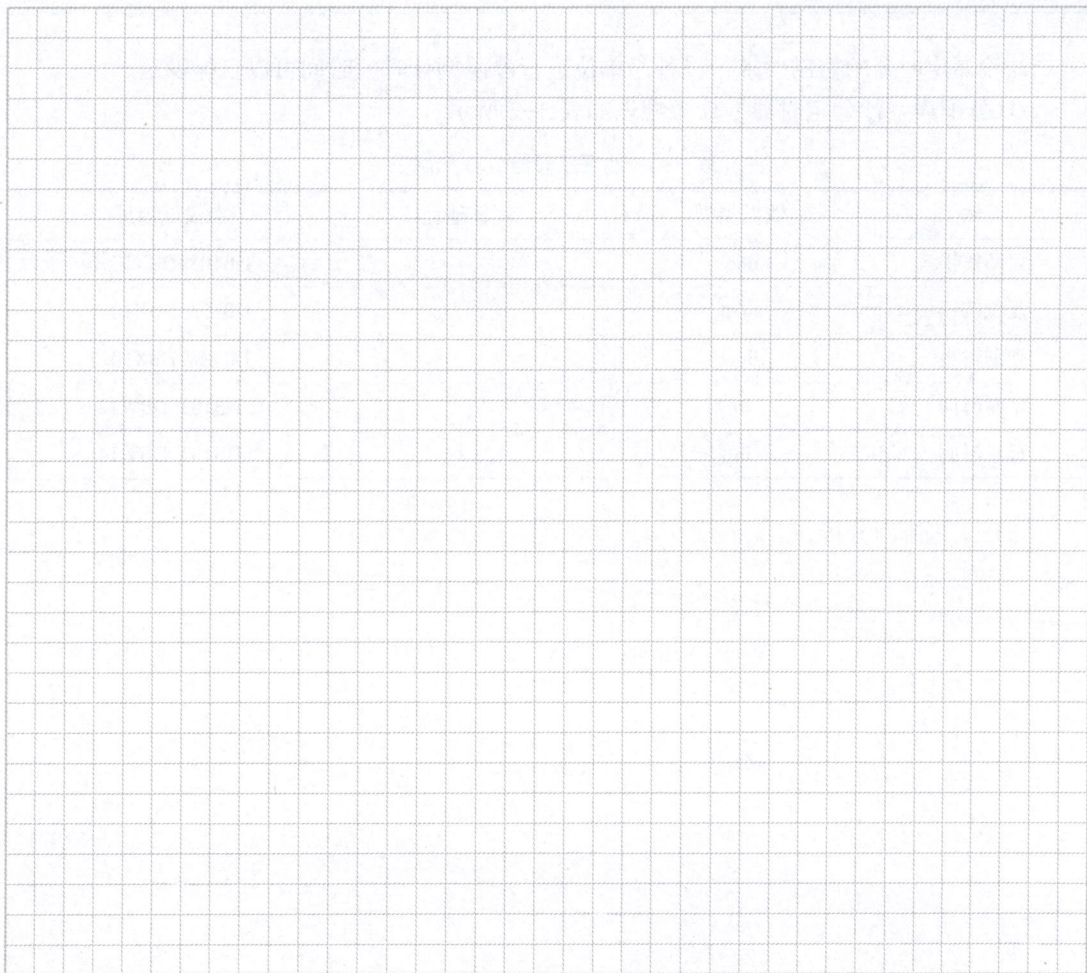

图 3-3　程序段 2

（4）前置任务。

① 时钟计时器的控制要求如下。

（a）自制"时分秒"时钟计时器，要求单击"启动按钮"后时钟计时器启动。

（b）单击"暂停按钮"，时钟计时器的计时时间暂停。

（c）单击"复位按钮"，时钟计时器的计时时间复位。

（d）最大计时时长24 h，若到达最大时长后，则时钟计时器暂停，并等待重新复位。

I/O分配表：时钟计时器I/O分配表如表3-1所示。

表 3-1　时钟计时器 I/O 分配表

名称	数据类型	硬件地址	触摸屏地址
启动按钮	Bool		DB103. DBX0. 0
暂停按钮	Bool		DB103. DBX0. 1
复位按钮	Bool		DB103. DBX0. 2
时	Int	—	DB103. DBW2
分	Int	—	DB103. DBW4
秒	DInt	—	DB103. DBD6

② 沙漏定时器的控制要求：以秒为单位进行沙漏倒计时，时间可以自行设定。

I/O分配表：沙漏定时器I/O分配表如表3-2所示。

表 3-2　沙漏定时器 I/O 分配表

名称	数据类型	硬件地址	触摸屏地址
启动按钮	Bool		DB103. DBX10. 0
复位按钮	Bool		DB103. DBX10. 1
沙漏输出	Bool		DB103. DBX10. 2
定时时间	Int	—	DB103. DBW12
显示时间	Int	—	DB103. DBW14

（5）工艺流程分析。

（6）根据工艺流程分析填写 I/O 分配表，如表 3-3 所示。

表 3-3　实训项目三 I/O 分配表

输入点			
名称	数据类型	地址	备注
备用	Bool	DB103. DBX16. 0	对应触摸屏变量
停车场入口检测 1	Bool	DB103. DBX16. 1	对应触摸屏变量
停车场入口检测 2	Bool	DB103. DBX16. 2	对应触摸屏变量
停车场出口检测 1	Bool	DB103. DBX16. 3	对应触摸屏变量
停车场出口检测 2	Bool	DB103. DBX16. 4	对应触摸屏变量
复位	Bool	DB103. DBX16. 5	对应触摸屏变量
停车场入口栏杆抬起到位	Bool	DB103. DBX16. 6	对应触摸屏变量
停车场入口栏杆落下到位	Bool	DB103. DBX16. 7	对应触摸屏变量
停车场出口栏杆抬起到位	Bool	DB103. DBX17. 0	对应触摸屏变量
停车场出口栏杆落下到位	Bool	DB103. DBX17. 1	对应触摸屏变量
车位数量	Int	DB103. DBW18	对应触摸屏变量
输出点			
名称	数据类型	地址	备注
停车场入口栏杆抬起	Bool	DB101. DBX20. 0	对应触摸屏变量
停车场入口栏杆落下	Bool	DB101. DBX20. 1	对应触摸屏变量
停车场出口栏杆抬起	Bool	DB101. DBX20. 2	对应触摸屏变量
停车场出口栏杆落下	Bool	DB101. DBX20. 3	对应触摸屏变量
车位已满	Bool	DB101. DBX20. 4	对应触摸屏变量

二、制订计划

制订计划并填写表3-4所示的计划表。

表3-4　计划表

学习情境		小组名称		日期	
学习任务		小组成员			

为了准备实践工作任务，必须制订必要的工作步骤计划，且工作步骤顺序要有意义。请将工作步骤计划写在下面

序号	工作步骤（关键词语或简短语句即可）

三、做出决策

做出决策并填写表 3-5 所示的决策表。

表 3-5　决策表

学习情境		小组名称		日期	
学习任务		小组成员			

计划 （方案）	比较项目				确定计划 （方案）
	合理性	可操作性	实施难度	实施时间	
1	□优 □中 □差	□易 □中 □难	□易 □中 □难	□短 □中 □长	
2	□优 □中 □差	□易 □中 □难	□易 □中 □难	□短 □中 □长	
3	□优 □中 □差	□易 □中 □难	□易 □中 □难	□短 □中 □长	

计划（方案）简要说明：

组长		教师	

四、实施任务

1. 设备检查

实训项目三设备检查表如表 3-6 所示。

表 3-6　实训项目三设备检查表

检查表				
序号	检查工作	检测点	检测结果	备注
1	电源电压	Q_1 断路器	220 V	
2	24 V 控制电压	Q_2 断路器	24 V	
3	计算机与 PLC 通信是否成功	—	□是/□否	
4	触摸屏与 PLC 通信是否成功	—	□是/□否	
5	触摸屏与 PLC 点位对应是否正确	—	□是/□否	

2. 编写程序

根据顺序功能图编写程序，编写程序时使用决策中确定的方案。

在以下空白处填写程序架构搭建方式、编程思路、程序主体与程序编写中所遇到的问题等。

3. 程序调试

下载程序，进行调试，列出调试过程中出现的问题。

4. 功能测试

实训项目三功能测试表如表 3-7 所示。

表 3-7　实训项目三功能测试表

功能测试表				
序号	检查工作	自评	教师	备注
1	测试模拟入库，检测是否进行自动抬杆、落杆动作	□是/□否	□是/□否	
2	测试模拟出库，检测是否进行自动抬杆、落杆动作	□是/□否	□是/□否	
3	查看是否进行车位自动计数	□是/□否	□是/□否	
4	检测是否设定信号滤波	□是/□否	□是/□否	

五、检测评估

实训项目三自评互评表如表3-8所示。

表3-8　实训项目三自评互评表

自评互评表						
学习情境			学时			
学习任务			组长			
成员						
评价项目		评定标准	自评	互评	团队	教师
专业能力（49分）	安全操作	无违章操作，未发生安全事故 □优（0）　□中（-10）　□差（-20）				
	工作计划	计划合理、可操作性强 □优（7）　□中（4）　□差（2）				
	I/O地址分配表	准确、无误 □优（6）　□中（4）　□差（2）				
	功能描述	描述清楚，顺序流程符合控制工艺要求 □优（8）　□中（5）　□差（2）				
	程序编制	程序运行可靠、无缺陷，能够实现预期的控制功能 □优（10）　□中（5）　□差（2）				
	程序调试	调试方法正确，工具仪器使用得当 □优（8）　□中（5）　□差（2）				
	功能实现	符合设计要求和工艺标准 □优（10）　□中（5）　□差（3）				
方法能力（30分）	独立学习的能力	在教师的指导下，借助学习资料，能够独立学习新知识和新技能，完成工作任务 □优（8）　□中（5）　□差（2）				
	分析并解决问题的能力	在教师的指导下，独立解决工作中出现的各种问题，顺利完成工作任务 □优（8）　□中（5）　□差（2）				
	获取信息能力	通过网络、专业书籍、技术手册等获取信息，整理资料，获取所需知识 □优（7）　□中（4）　□差（2）				
	整体工作能力	根据工作任务，制订、实施工作计划，进行工作过程和产品质量的控制与管理 □优（7）　□中（4）　□差（2）				

评价项目		评定标准	自评	互评	团队	教师
社会能力（21分）	团队协作和沟通能力	工作过程中，团队成员之间相互沟通与协商，具备良好的群体意识，通力合作，圆满完成工作任务 □优（7）　□中（5）　□差（3）				
	工作任务的组织管理能力	能完成工作过程组织与管理，与相关人员协作，注意劳动安全 □优（7）　□中（5）　□差（3）				
	工作责任心与职业道德	具备良好的工作责任心、社会责任心、群体意识和职业道德 □优（7）　□中（4）　□差（2）				
小计						
总分（自评×15%+互评×15%+团队×30%+教师×40%）						

评语：

学生		教师		日期	

六、项目交付

实训项目三交付单如表3-9所示。

表3-9　实训项目三交付单

项目交付单			
项目名称		学生	
工作时间		完成时间	
工作地点		检验教师	
编程思路与体会			
程序缺陷与改进分析			
程序缺陷		改进分析	
项目评价			

资料页

（一）IEC 计数器

S7-1200 的
计数器

S7-1200 的计数器为 IEC 计数器，用户程序中可以使用的计数器数量仅受 CPU 的存储器容量限制。

这里所说的计数器是指软件计数器，最大计数速率受所在 OB 的执行速率限制。指令所在 OB 的执行频率必须足够高，以检测输入脉冲的所有变化，如果需要更快的计数操作，请参见高速计数器。

S7-1200 的计数器包含 3 种计数器：加计数器（Counter Up，CTU）、减计数器（Counter Down，CTD）、加减计数器（Counter Up Down，CTUD）。

计数器指令在指令树中的位置示意如图 3-4 所示。

图 3-4　计数器指令在指令树中的位置示意

计数器指令的使用和时序图如表 3-10 所示。

表 3-10　计数器指令的使用和时序图

指令	说明	时序图
加计数 #DB1 CTU（Int） CU　Q R　CV PV	每当 CU 从"0"变为"1"，CV 增加 1。 当 CV = PV 时，Q 输出"1"，此后每当 CU 从"0"变为"1"，Q 保持输出"1"，CV 继续增加 1 直到达到计数器指定的整数类型的最大值。 在任意时刻，当 R 为"1"时，Q 输出"0"，CV 立即停止计数并回到"0"	
减计数 #DB2 CTD（Int） CD　Q LD　CV PV	每当 CD 从"0"变为"1"，CV 减少 1。 当 CV = 0 时，Q 输出"1"，此后每当 CD 从"0"变为"1"，Q 保持输出"1"，CV 继续减少 1 直到达到计数器指定的整数类型的最小值。 在任意时刻，当 LD 为"1"时，Q 输出"0"，CV 立即停止计数并回到 PV 值	

指令	说明	时序图
加减计数 #DB3 CTUD Int CU　　QU CD　　QD R　　　CV LD PV	每当 CU 从"0"变为"1"，CV 增加 1，每当 CD 从"0"变为"1"，CV 减少 1。 当 CV≥PV 时，QU 输出"1"；当 CV<PV 时，QU 输出"0"；当 CV≤0 时，QD 输出"1"；当 CV>0 时，QD 输出"0"。 CV 的上下限取决于计数器指定的整数类型的最大值与最小值。 在任意时刻，当 R 为"1"时，QD 输出"1"，CV 立即停止计数并回到 0；当 LD 为"1"时，QD 输出"1"，CV 立即停止计数并回到 PV 值	

（二）计数器的创建

S7-1200 计数器创建有以下几种方法。

（1）把指令直接拖动到块中，自动生成计数器的背景 DB。通过"调用选项"对话框可选择"单个实例"数据块，还可以从数据块的"名称"下拉列表框中选择具体的数据块，并在指令中修改计数值类型，如图 3-5 所示。

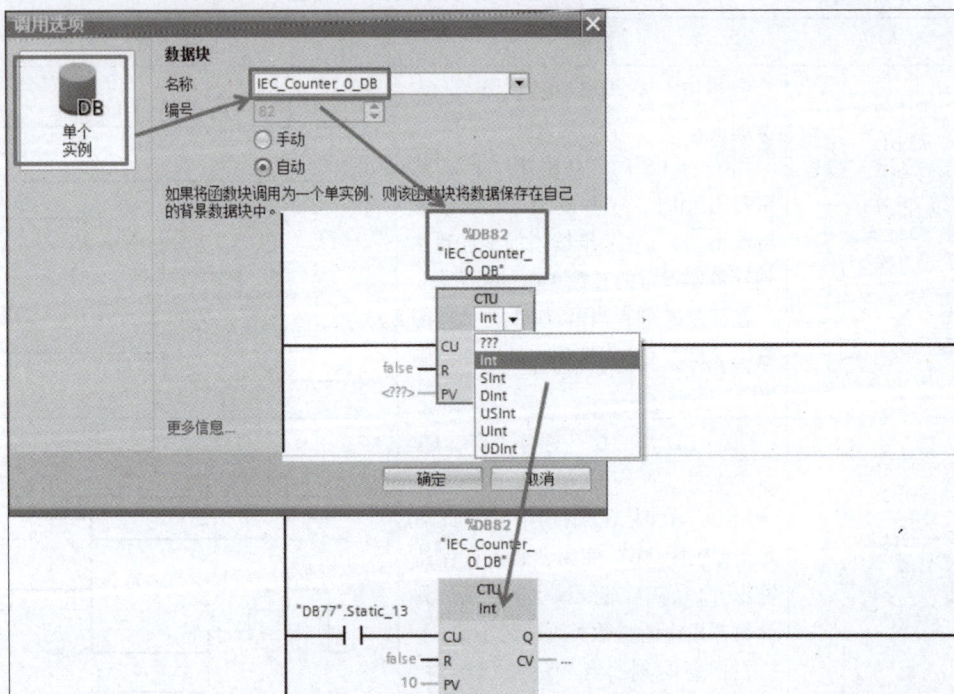

图 3-5　计数器指令的直接拖动创建

（2）把指令直接拖动到 FB 中，生成多重背景，如图 3-6 所示。多重背景的数据类型在 TIA Portal V14 之前是 IEC_COUNTER 类型，从 TIA Portal V14 开始是 CTU_INT、CTD_INT、CTUD_INT 等类型（取决于指令）。

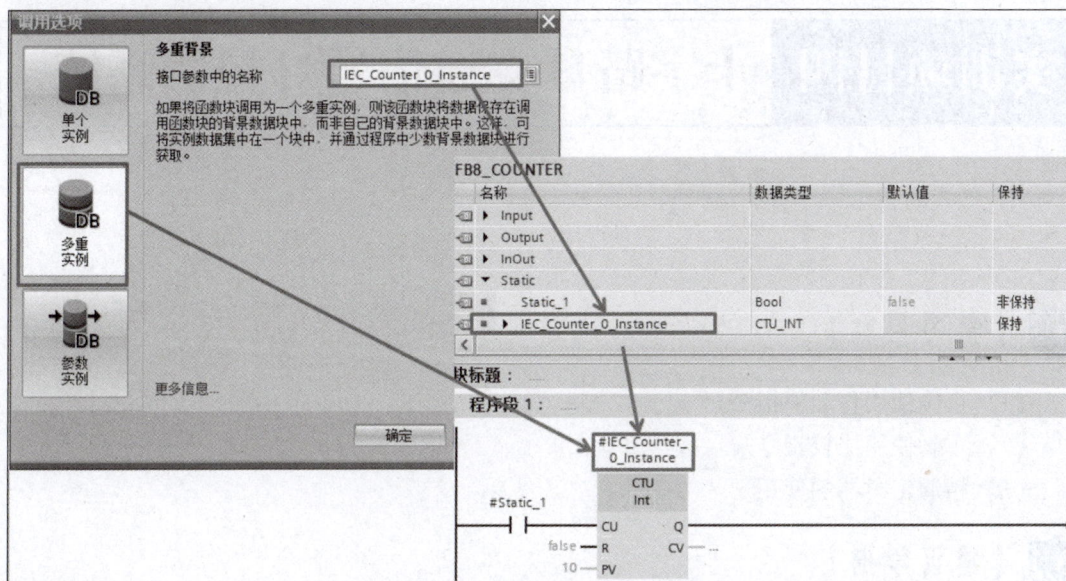

图 3-6　计数器指令在 FB 中拖动创建

（3）从 TIA Portal V14 开始，把指令直接拖动到 FB、FC 中，生成参数实例，如图 3-7 所示。

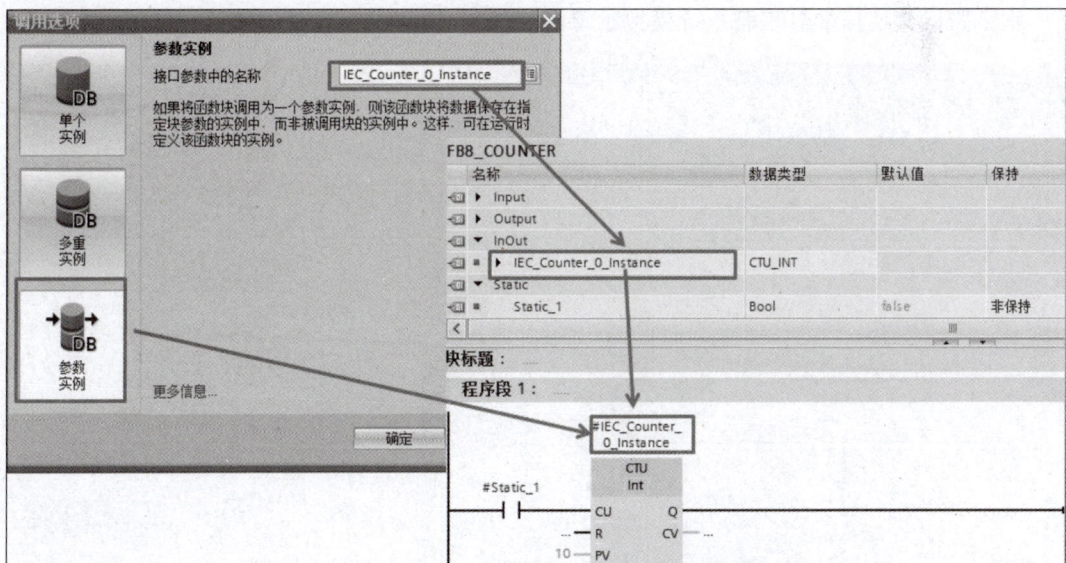

图 3-7　计数器指令在 FB、FC 中拖动创建

实训项目四 十字路口交通信号灯控制系统

【学习目标】

(1) 正确使用移动值指令。

(2) 正确使用比较指令。

(3) 精通定时器的使用。

【建议学时】

6学时。

【情景描述】

十字路口交通信号灯控制系统模拟示意图如图4-1所示。

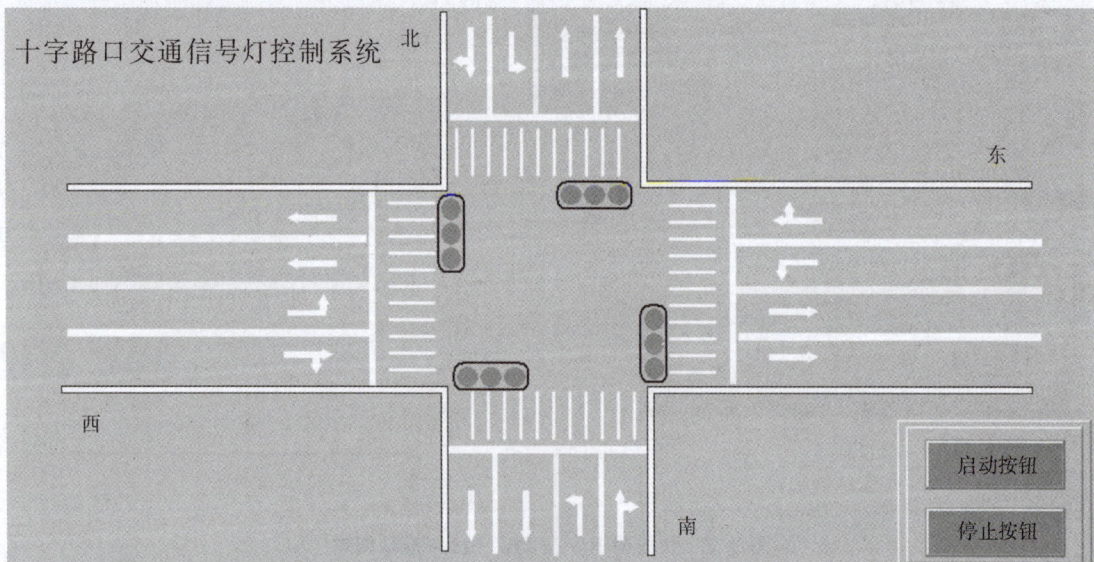

图4-1 十字路口交通信号灯控制系统模拟示意图

十字路口交通信号灯控制系统时序图如图4-2所示。

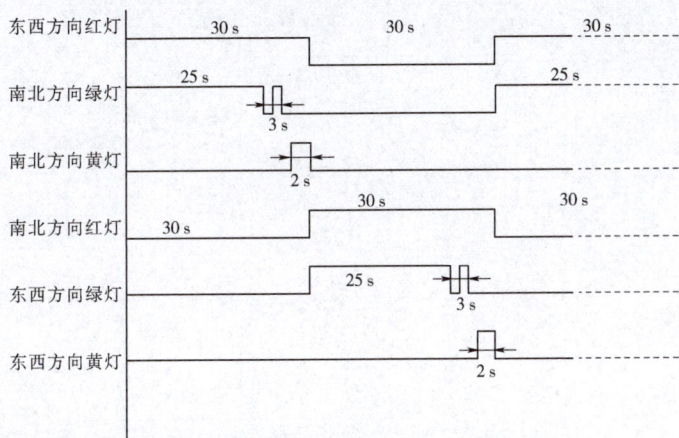

图 4-2 十字路口交通信号灯控制系统时序图

十字路口交通信号灯控制系统的控制要求如下。

（1）信号灯受一个按钮控制，当单击"启动按钮"时，信号系统开始工作，且先南北方向红灯点亮，东西方向绿灯点亮。当单击"停止按钮"时，信号系统停止工作，所有信号灯都熄灭。

（2）南北方向红灯点亮维持 30 s。在南北方向红灯点亮的同时东西方向绿灯也点亮，并维持 25 s。25 s 后，东西方向绿灯闪烁 3 s 后熄灭。在东西方向绿灯熄灭时，东西方向黄灯点亮，并维持 2 s。2 s 后，东西方向黄灯熄灭，东西方向红灯点亮，同时南北方向红灯熄灭，南北方向绿灯点亮。

（3）东西方向红灯点亮维持 30 s。在东西方向红灯点亮的同时南北方向绿灯也点亮，并维持 25 s。25 s 后，南北方向绿灯闪烁 3 s 后熄灭。在南北方向绿灯熄灭时，南北方向黄灯点亮，并维持 2 s。2 s 后，南北方向黄灯熄灭，南北方向红灯点亮，同时东西方向红灯熄灭，东西方向绿灯点亮。

（4）南北方向绿灯和东西方向绿灯不能同时点亮。

（5）周而复始。

【项目实施】

一、信息收集

通过专业书籍、网络、标准与规范或资料页等信息源获取以下信息和知识，并将内容补充完整。

（1）查询资料页或帮助，说明①与④的填写形式，说明②与③有几种形式。

（2）试分析或测试图 4-3 所示的程序段，观察输出点的状态，并尝试说明该程序与本实训项目有什么联系。

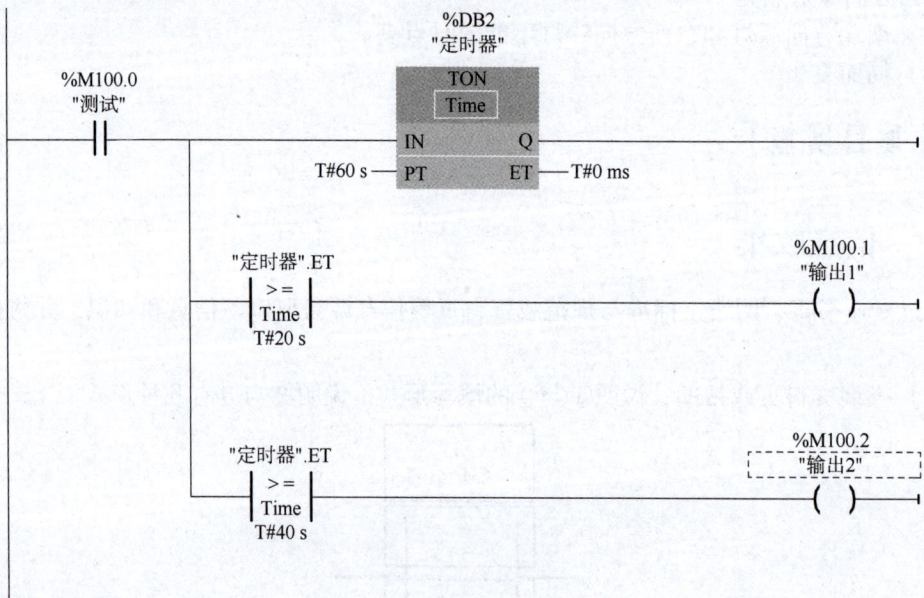

图 4-3　程序段

（3）前置任务。

① 奇偶亮灯的控制要求如下。

现有 8 个指示灯，单击"奇数按钮"时，编号为奇数的 4 个灯点亮；单击"偶数按钮"时，编号为偶数的 4 个灯点亮。

奇偶亮灯 I/O 分配表如表 4-1 所示。

表 4-1　奇偶亮灯 I/O 分配表

名称	数据类型	硬件地址	触摸屏地址
奇数按钮	Bool		DB104. DBX0. 0
偶数按钮	Bool		DB104. DBX0. 1
指示灯	Byte		DB104. DBB1

② 液位报警的控制要求如下。

现有一个储水罐，通过液位来判断状态。

（a）当液位高于或等于 20.5 时，输出高位报警。

（b）当液位低于 1.25 时，输出低位报警。

（c）当液位在 1.25~20.5 时，输出液位正常。

液位报警控制 I/O 分配表如表 4-2 所示。

表 4-2　液位报警控制 I/O 分配表

名称	数据类型	硬件地址	触摸屏地址
液位	Real	—	DB104. DBD2
高位报警	Bool		DB104. DBX6. 0
低位报警	Bool		DB104. DBX6. 1
液位正常	Bool		DB104. DBX6. 2

（4）工艺流程分析：十字路口交通信号灯控制系统参考工艺流程如图4-4所示。

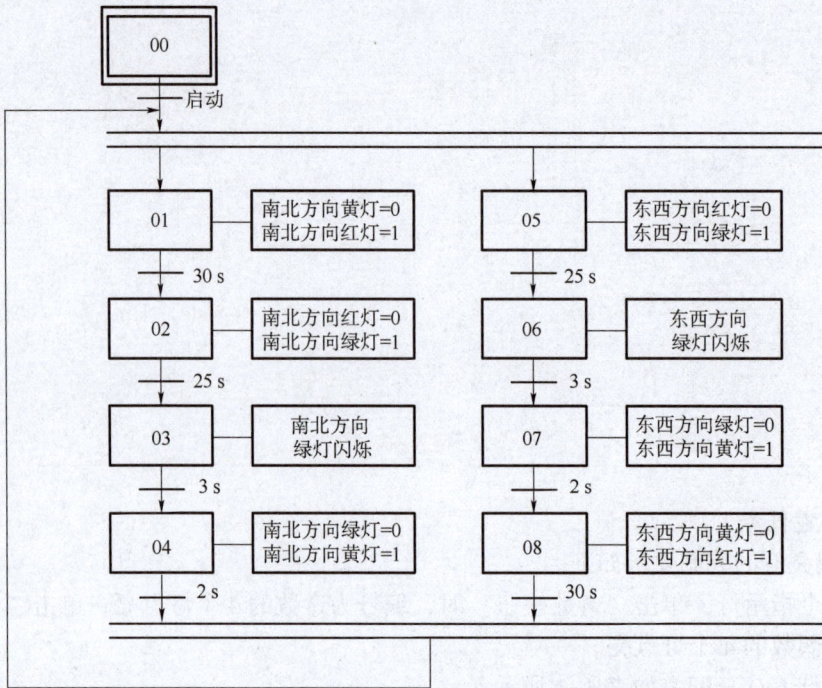

图4-4　十字路口交通信号灯控制系统参考工艺流程

（5）根据工艺流程分析填写 I/O 分配表，如表 4-3 所示。

表 4-3　实训项目四 I/O 分配表

输入点			
名称	数据类型	地址	备注
启动按钮	Bool	DB104. DBX8. 0	对应触摸屏变量
停止按钮	Bool	DB104. DBX8. 1	对应触摸屏变量
输出点			
名称	数据类型	地址	硬件地址
东红灯	Bool	DB104. DBX10. 0	Q8. 4
东绿灯	Bool	DB104. DBX10. 1	Q8. 6
东黄灯	Bool	DB104. DBX10. 2	Q8. 5
西红灯	Bool	DB104. DBX10. 3	Q8. 1
西绿灯	Bool	DB104. DBX10. 4	Q8. 3
西黄灯	Bool	DB104. DBX10. 5	Q8. 2
南红灯	Bool	DB104. DBX10. 6	Q1. 0
南绿灯	Bool	DB104. DBX10. 7	Q8. 0
南黄灯	Bool	DB104. DBX11. 0	Q1. 1
北红灯	Bool	DB104. DBX11. 1	Q0. 5
北绿灯	Bool	DB104. DBX11. 2	Q0. 7
北黄灯	Bool	DB104. DBX11. 3	Q0. 6

二、制订计划

制订计划并填写表4-4所示计划表。

表4-4　计划表

学习情境		小组名称		日期	
学习任务		小组成员			

为了准备实践工作任务，必须制订必要的工作步骤计划，且工作步骤顺序要有意义。请将工作步骤计划写在下面

序号	工作步骤（关键词语或简短语句即可）

三、做出决策

做出决策并填写表 4-5 所示的决策表。

表 4-5 决策表

学习情境			小组名称		日期	
学习任务			小组成员			

计划（方案）	比较项目				确定计划（方案）
	合理性	可操作性	实施难度	实施时间	
1	□优 □中 □差	□易 □中 □难	□易 □中 □难	□短 □中 □长	
2	□优 □中 □差	□易 □中 □难	□易 □中 □难	□短 □中 □长	
3	□优 □中 □差	□易 □中 □难	□易 □中 □难	□短 □中 □长	

计划（方案）简要说明：

组长		教师	

四、实施任务

1. 设备检查

实训项目四设备检查表如表4-6所示。

表4-6 实训项目四设备检查表

检查表				
序号	检查工作	检测点	检测结果	备注
1	电源电压	Q_1 断路器	220 V	
2	24 V 控制电压	Q_2 断路器	24 V	
3	计算机与PLC通信是否成功	—	□是/□否	
4	触摸屏与PLC通信是否成功	—	□是/□否	
5	触摸屏与PLC点位对应是否正确	—	□是/□否	

2. 编写程序

根据顺序功能图编写程序，编写程序时使用决策中确定的方案。

在以下空白处填写程序架构搭建方式、编程思路、程序主体与程序编写中所遇到的问题等。

3. 程序调试

下载程序，进行调试，列出调试过程中出现的问题。

4. 功能测试

实训项目四功能测试表如表 4-7 所示。

表 4-7　实训项目四功能测试表

功能测试表				
序号	检查工作	自评	教师	备注
1	单击"启动按钮"程序是否运行	□是/□否	□是/□否	
2	单击"停止按钮"所有灯是否全部熄灭	□是/□否	□是/□否	
3	南北方向/东西方向灯的时序是否为 30 s	□是/□否	□是/□否	
4	亮灯步骤 1 是否实现。南北方向红灯点亮维持 30 s。在南北方向红灯点亮的同时东西方向绿灯也点亮，并维持 25 s。25 s 后，东西方向绿灯闪烁 3 s 后熄灭。在东西方向绿灯熄灭时，东西方向黄灯点亮，并维持 2 s。2 s 后，东西方向黄灯熄灭，东西方向红灯点亮，同时南北方向红灯熄灭，南北方向绿灯点亮	□是/□否	□是/□否	
5	亮灯步骤 2 是否实现。东西方向红灯点亮维持 30 s。在东西方向红灯点亮的同时南北方向绿灯也点亮，并维持 25 s。25 s 后，南北方向绿灯闪烁 3 s 后熄灭。在南北方向绿灯熄灭时，南北方向黄灯点亮，并维持 2 s。2 s 后，南北方向黄灯熄灭，南北方向红灯点亮，同时东西方向红灯熄灭，东西方向绿灯点亮	□是/□否	□是/□否	
6	南北方向绿灯和东西方向绿灯是否不能同时点亮	□是/□否	□是/□否	
7	在没有单击"停止按钮"时是否一直循环	□是/□否	□是/□否	

五、检测评估

实训项目四自评互评表如表4-8所示。

表4-8　实训项目四自评互评表

自评互评表						
学习情境				学时		
学习任务				组长		
成员						
评价项目		评定标准	自评	互评	团队	教师
专业能力（49分）	安全操作	无违章操作，未发生安全事故 □优（0）　□中（-10）　□差（-20）				
	工作计划	计划合理、可操作性强 □优（7）　□中（4）　□差（2）				
	I/O 地址分配表	准确、无误 □优（6）　□中（4）　□差（2）				
	功能描述	描述清楚，顺序流程符合控制工艺要求 □优（8）　□中（5）　□差（2）				
	程序编制	程序运行可靠、无缺陷，能够实现预期的控制功能 □优（10）　□中（5）　□差（2）				
	程序调试	调试方法正确，工具仪器使用得当 □优（8）　□中（5）　□差（2）				
	功能实现	符合设计要求和工艺标准 □优（10）　□中（5）　□差（3）				
方法能力（30分）	独立学习的能力	在教师的指导下，借助学习资料，能够独立学习新知识和新技能，完成工作任务 □优（8）　□中（5）　□差（2）				
	分析并解决问题的能力	在教师的指导下，独立解决工作中出现的各种问题，顺利完成工作任务 □优（8）　□中（5）　□差（2）				
	获取信息能力	通过网络、专业书籍、技术手册等获取信息，整理资料，获取所需知识 □优（7）　□中（4）　□差（2）				
	整体工作能力	根据工作任务，制订、实施工作计划，进行工作过程和产品质量的控制与管理 □优（7）　□中（4）　□差（2）				

评价项目		评定标准	自评	互评	团队	教师
社会能力(21分)	团队协作和沟通能力	工作过程中，团队成员之间相互沟通与协商，具备良好的群体意识，通力合作，圆满完成工作任务 □优（7）　□中（5）　□差（3）				
	工作任务的组织管理能力	能完成工作过程组织与管理，与相关人员协作，注意劳动安全 □优（7）　□中（5）　□差（3）				
	工作责任心与职业道德	具备良好的工作责任心、社会责任心、群体意识和职业道德 □优（7）　□中（4）　□差（2）				
小计						
总分（自评×15%+互评×15%+团队×30%+教师×40%）						

评语：

学生		教师		日期	

表 4-11　比较指令

LAD	参数	数据类型	存储区
<???> ┤ == ├ ??? <???> ┤ <> ├ ??? <???> ┤ >= ├ ???	操作数 1	位字符串、Int、浮点数、字符串、Time、LTime、DATE、TOD、LTOD、DTL、DT、LDT	I、Q、M、D、L、P 或常数
<???> ┤ <= ├ ??? <???> ┤ > ├ ??? <???> ┤ < ├ ???	操作数 2	位字符串、Int、浮点数、字符串、Time、LTime、DATE、TOD、LTOD、DTL、DT、LDT	I、Q、M、D、L、P 或常数

实训项目五 饮料自动售货机

【学习目标】

（1）正确使用计算指令和转换指令。

（2）正确使用四则运算指令。

（3）正确使用边沿触发指令。

【建议学时】

4 学时。

【情景描述】

饮料自动售货机是通过购买者投币，机器自动销售饮料的智能化设备。饮料自动售货机具有出货、找零、LED 显示等功能，真正实现人机对话，如图 5-1 所示。

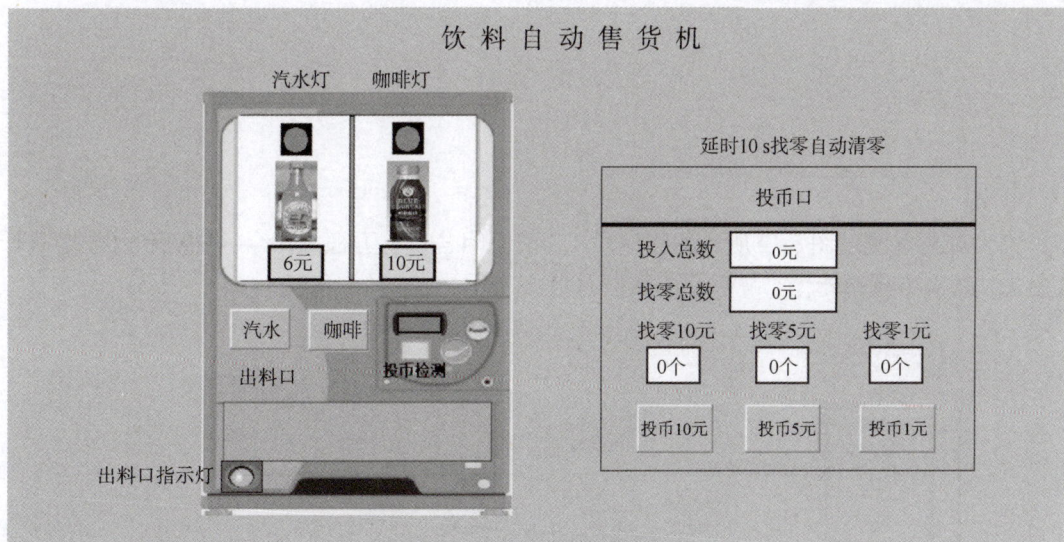

图 5-1 饮料自动售货机模拟示意图

饮料自动售货机的控制要求如下。

（1）一台饮料自动售货机用于出售汽水和咖啡两种饮料，汽水 6 元一杯，咖啡 10 元一杯，顾客可以投入 1 元、5 元和 10 元。

（2）当投入的钱数大于或等于 6 元时，汽水灯亮。

（3）当投入钱数大于或等于 10 元时，咖啡灯亮。

（4）按下"汽水"按钮，自动出汽水一杯（10 s 为一杯）并算出多余零钱。

（5）按下"咖啡"按钮，自动出咖啡一杯（10 s 为一杯）并算出多余零钱。

（6）最后计算找零数据，10 s 后自动清除。

【项目实施】

一、信息收集

通过专业书籍、网络、标准与规范或资料页等信息源获取以下信息和知识，并将内容补充完整。

（1）查询资料页或帮助，简述四则运算指令的计算方式。

（2）分析并测试图 5-2 所示的程序段 1。试说明若没有方框内指令，MW10 内数据有什么变化；若有方框内指令，MW10 内数据有什么变化。

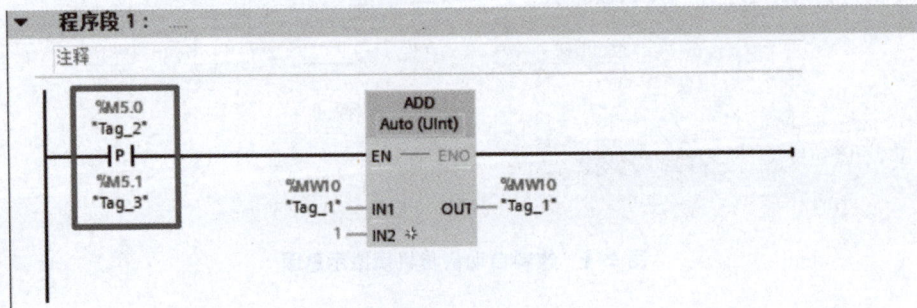

图 5-2　程序段 1

（3）分析并测试图 5-3 所示的程序段 2。若 MW10 内数据为 20，计算结果会有什么变化？

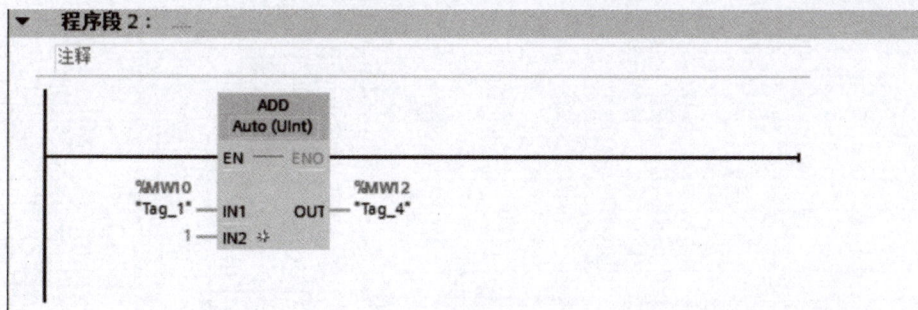

图 5-3　程序段 2

（4）分析并测试图 5-4 所示的程序 3。若 MW10 = 10，MW12 = 8，MW14 = 2，计算 MW16 的数据。

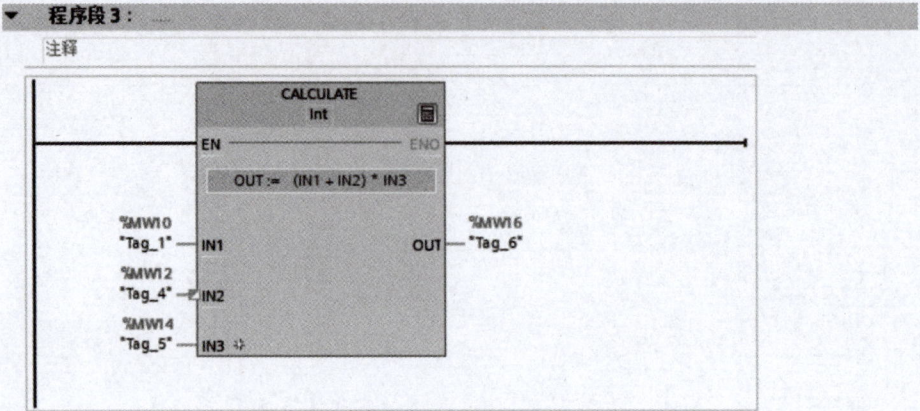

图 5-4　程序段 3

（5）前置任务。

圆形面积和周长计算的要求：已知圆形半径，需求出面积和周长，圆的半径为整数，面积与周长为浮点数，圆周率为 3.14。

I/O 分配表：圆形面积和周长计算 I/O 分配表如表 5-1 所示。

表 5-1　圆形面积和周长计算 I/O 分配表

名称	数据类型	硬件地址	触摸屏地址
计算按钮	Bool	I0.0	DB105. DBX0. 0
圆半径	Int	—	DB105. DBW2
圆面积	Real	—	DB105. DBD4
圆周长	Real	—	DB105. DBD8

（6）工艺流程分析：饮料自动售货机参考工艺流程如图5-5所示。

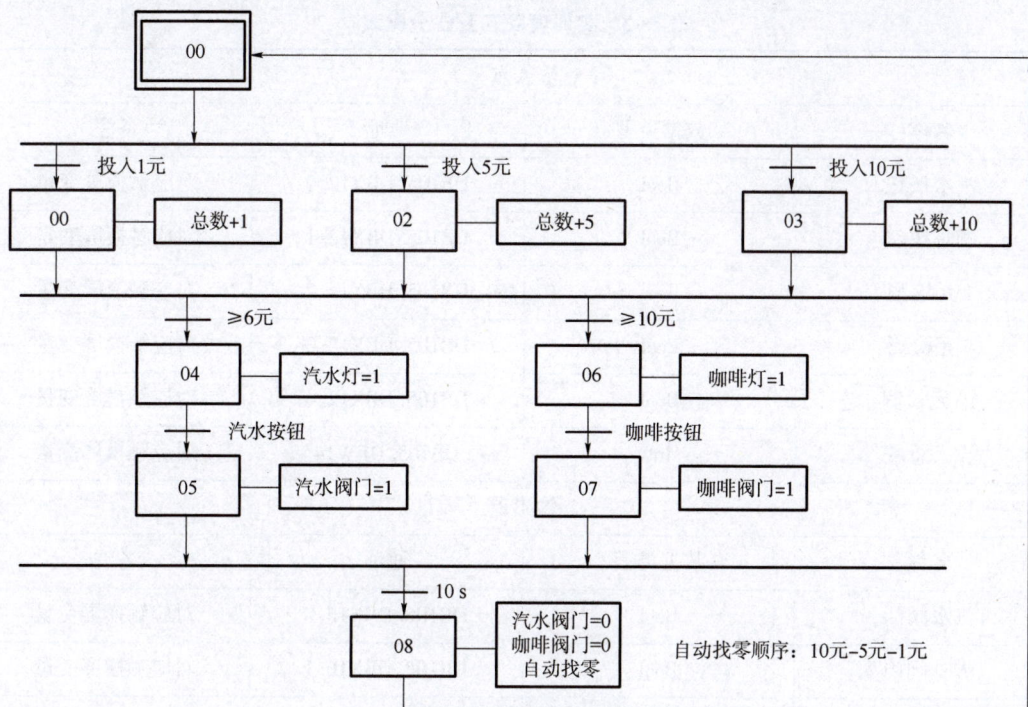

图 5-5　饮料自动售货机参考工艺流程

（7）根据工艺流程分析填写 I/O 分配表，如表 5-2 所示。

表 5-2　实训项目五 I/O 分配表

输入点			
名称	数据类型	地址	备注
汽水按钮	Bool	DB105. DBX12. 0	对应触摸屏变量
咖啡按钮	Bool	DB105. DBX12. 1	对应触摸屏变量
1 元检测	Bool	DB105. DBX12. 2	对应触摸屏变量
5 元检测	Bool	DB105. DBX12. 3	对应触摸屏变量
10 元检测	Bool	DB105. DBX12. 4	对应触摸屏变量
投入总数	Int	DB105. DBW14	对应触摸屏变量
输出点			
名称	数据类型	地址	备注
汽水阀门	Bool	DB105. DBX16. 0	对应触摸屏变量
咖啡阀门	Bool	DB105. DBX16. 1	对应触摸屏变量
汽水灯	Bool	DB105. DBX16. 2	对应触摸屏变量
咖啡灯	Bool	DB105. DBX16. 3	对应触摸屏变量
找零总数	Int	DB105. DBW18	对应触摸屏变量
找零 10 元个数	Int	DB105. DBW20	对应触摸屏变量
找零 5 元个数	Int	DB105. DBW22	对应触摸屏变量
找零 1 元个数	Int	DB105. DBW24	对应触摸屏变量

二、制订计划

制订计划并填写表 5-3 所示的计划表。

表 5-3　计划表

学习情境		小组名称		日期	
学习任务		小组成员			

为了准备实践工作任务，必须制订必要的工作步骤计划，且工作步骤顺序要有意义。请将工作步骤计划写在下面

序号	工作步骤（关键词语或简短语句即可）

三、做出决策

做出决策并填写表 5-4 所示的决策表。

表 5-4　决策表

学习情境			小组名称		日期	
学习任务			小组成员			
计划（方案）	比较项目					确定计划（方案）
	合理性	可操作性	实施难度	实施时间		
1	□优 □中 □差	□易 □中 □难	□易 □中 □难	□短 □中 □长		
2	□优 □中 □差	□易 □中 □难	□易 □中 □难	□短 □中 □长		
3	□优 □中 □差	□易 □中 □难	□易 □中 □难	□短 □中 □长		

计划（方案）简要说明：

组长			教师	

四、实施任务

1. 设备检查

实训项目五设备检查表如表5-5所示。

表5-5　实训项目五设备检查表

检查表				
序号	检查工作	检测点	检测结果	备注
1	电源电压	Q_1 断路器	220 V	
2	24 V 控制电压	Q_2 断路器	24 V	
3	计算机与 PLC 通信是否成功	—	□是/□否	
4	触摸屏与 PLC 通信是否成功	—	□是/□否	
5	触摸屏与 PLC 点位对应是否正确	—	□是/□否	

2. 编写程序

根据顺序功能图编写程序，编写程序时使用决策中确定的方案。

在以下空白处填写程序架构搭建方式、编程思路、程序主体与程序编写中所遇到的问题等。

3. 程序调试

下载程序，进行调试，列出调试过程中出现的问题。

4. 功能测试

实训项目五功能测试表如表5-6所示。

表5-6　实训项目五功能测试表

功能测试表				
序号	检查工作	自评	教师	备注
1	当投入的钱数大于或等于6元时，汽水灯亮	□是/□否	□是/□否	
2	当投入钱数大于或等于10元时，咖啡灯亮	□是/□否	□是/□否	
3	单击"汽水"按钮，自动出汽水一杯（10 s 为一杯）并算出多余零钱	□是/□否	□是/□否	
4	单击"咖啡"按钮，自动出咖啡一杯（10 s 为一杯）并算出多余零钱	□是/□否	□是/□否	
5	最后计算找零数据，10 s 后自动清除	□是/□否	□是/□否	

五、检测评估

实训项目五自评互评表如表 5-7 所示。

表 5-7　实训项目五自评互评表

自评互评表						
学习情境			学时			
学习任务			组长			
成员						
评价项目		评定标准	自评	互评	团队	教师
专业能力（49分）	安全操作	无违章操作，未发生安全事故 □优（0）　□中（-10）　□差（-20）				
	工作计划	计划合理、可操作性强 □优（7）　□中（4）　□差（2）				
	I/O 地址分配表	准确、无误 □优（6）　□中（4）　□差（2）				
	功能描述	描述清楚，顺序流程符合控制工艺要求 □优（8）　□中（5）　□差（2）				
	程序编制	程序运行可靠、无缺陷，能够实现预期的控制功能 □优（10）　□中（5）　□差（2）				
	程序调试	调试方法正确，工具仪器使用得当 □优（8）　□中（5）　□差（2）				
	功能实现	符合设计要求和工艺标准 □优（10）　□中（5）　□差（3）				
方法能力（30分）	独立学习的能力	在教师的指导下，借助学习资料，能够独立学习新知识和新技能，完成工作任务 □优（8）　□中（5）　□差（2）				
	分析并解决问题的能力	在教师的指导下，独立解决工作中出现的各种问题，顺利完成工作任务 □优（8）　□中（5）　□差（2）				
	获取信息能力	通过网络、专业书籍、技术手册等获取信息，整理资料，获取所需知识 □优（7）　□中（4）　□差（2）				
	整体工作能力	根据工作任务，制订、实施工作计划，进行工作过程和产品质量的控制与管理 □优（7）　□中（4）　□差（2）				

实训项目五　饮料自动售货机

评价项目		评定标准	自评	互评	团队	教师
社会能力（21分）	团队协作和沟通能力	工作过程中，团队成员之间相互沟通与协商，具备良好的群体意识，通力合作，圆满完成工作任务 □优（7）　□中（5）　□差（3）				
	工作任务的组织管理能力	能完成工作过程组织与管理，与相关人员协作，注意劳动安全 □优（7）　□中（5）　□差（3）				
	工作责任心与职业道德	具备良好的工作责任心、社会责任心、群体意识和职业道德 □优（7）　□中（4）　□差（2）				
小计						
总分（自评×15%+互评×15%+团队×30%+教师×40%）						

评语：

学生		教师		日期	

六、项目交付

实训项目五交付单如表 5-8 所示。

表 5-8　实训项目五交付单

项目交付单			
项目名称		学生	
工作时间		完成时间	
工作地点		检验教师	
编程思路与体会			
程序缺陷与改进分析			
程序缺陷		改进分析	
项目评价			

资料页

（一）边沿触发指令

边沿触发指令如表5-9所示。

上升沿-下降沿指令

表 5-9　边沿触发指令

指令	存储区	说明
上升沿触点 <???> ⊣P⊢ <???>	操作数1：I、Q、M、D、L、T、C 或常量。 操作数2：I、Q、M、D、L	使用"扫描操作数的信号上升沿"指令，可以确定所指定操作数（<操作数 1>）的信号状态是否从"0"变为"1"。该指令将比较 <操作数 1> 的当前信号状态与上一次扫描的信号状态，上一次扫描的信号状态保存在边沿存储位（<操作数 2>）中。如果该指令检测到 RLO 从"0"变为"1"，则说明出现了一个上升沿。 下图显示了出现信号下降沿和上升沿时，信号状态的变化。 每次执行指令时，都会查询信号上升沿。检测到信号上升沿时，<操作数 1> 的信号状态将在一个程序周期内保持置位为"1"。在其他任何情况下，操作数的信号状态均为"0"。 在该指令上方的操作数占位符中，指定要查询的操作数（<操作数 1>）。在该指令下方的操作数占位符中，指定边沿存储位（<操作数 2>）
下降沿触点 <???> ⊣N⊢ <???>	操作数1：I、Q、M、D、L、T、C 或常量。 操作数2：I、Q、M、D、L	使用"扫描操作数的信号下降沿"指令，可以确定所指定操作数（<操作数 1>）的信号状态是否从"1"变为"0"。该指令将比较 <操作数 1> 的当前信号状态与上一次扫描的信号状态，上一次扫描的信号状态保存在边沿存储器位 <操作数 2> 中。如果该指令检测到 RLO 从"1"变为"0"，则说明出现了一个下降沿。 下图显示了出现信号下降沿和上升沿时，信号状态的变化。 每次执行指令时，都会查询信号下降沿。检测到信号下降沿时，<操作数 1> 的信号状态将在一个程序周期内保持置位为"1"。在其他任何情况下，操作数的信号状态均为"0"。 在该指令上方的操作数占位符中，指定要查询的操作数（<操作数 1>）。在该指令下方的操作数占位符中，指定边沿存储位（<操作数 2>）

指令	存储区	说明
扫描 RLO 的信号上升沿 P_TRIG CLK Q <???>	CLK：I、Q、M、D、L 或常量。 操作数：DQ、I、Q、M、D、L	使用"扫描 RLO 的信号上升沿"指令，可查询 RLO 的信号状态从"0"到"1"的更改。该指令将比较 RLO 的当前信号状态与保存在边沿存储位（<操作数>）中上一次查询的信号状态。如果该指令检测到 RLO 从"0"变为"1"，则说明出现了一个信号上升沿。 每次执行指令时，都会查询信号上升沿。检测到信号上升沿时，该指令输出 Q 将立即返回程序代码长度的信号状态"1"。在其他任何情况下，该输出返回的信号状态均为"0"
扫描 RLO 的信号下降沿 N_TRIG CLK Q <???>	CLK：I、Q、M、D、L 或常量。 操作数：DQ、I、Q、M、D、L	使用"扫描 RLO 的信号下降沿"指令，可查询 RLO 的信号状态从"1"到"0"的更改。该指令将比较 RLO 的当前信号状态与保存在边沿存储位（<操作数>）中上一次查询的信号状态。如果该指令检测到 RLO 从"1"变为"0"，则说明出现了一个信号下降沿。 每次执行指令时，都会查询信号下降沿。检测到信号下降沿时，该指令输出 Q 将立即返回程序代码长度的信号状态"1"。在其他任何情况下，该指令输出的信号状态均为"0"

（二）四则运算指令

当允许输入端 EN 为高电平"1"时，输入端 IN1、IN2…的数相加，结果送入 OUT 中，如表 5-10 所示。

四则运算指令

表 5-10　加指令

LAD	参数	数据类型	存储区	说明
ADD Auto(???) EN ENO IN1 OUT IN2	EN	Bool	I、Q、M、D、L	允许输入
	ENO	Bool		允许输出
	IN1	Int、浮点数	I、Q、M、D、L、P 或常数	相加的第 1 个值
	IN2	Int、浮点数		相加的第 2 个值
	INn	Int、浮点数		相加的第 n 个值
	OUT	Int、浮点数	I、Q、M、D、L、P	相加的结果

当允许输入端 EN 为高电平"1"时，输入端 IN1、IN2 的数相减，结果送入 OUT 中，如表 5-11 所示。

表5-11　减指令

LAD	参数	数据类型	存储区	说明
SUB Auto(???) EN ENO IN1 OUT IN2	EN	Bool	I、Q、M、D、L	允许输入
	ENO	Bool		允许输出
	IN1	Int、浮点数	I、Q、M、D、L、P 或常数	被减数
	IN2	Int、浮点数		减数1
	OUT	Int、浮点数	I、Q、M、D、L、P	相减的结果

当允许输入端 EN 为高电平"1"时，输入端 IN1、IN2…的数相乘，结果送入 OUT 中，如表5-12所示。

表5-12　乘指令

LAD	参数	数据类型	存储区	说明
MUL Auto(???) EN ENO IN1 OUT IN2 ✿	EN	Bool	I、Q、M、D、L	允许输入
	ENO	Bool		允许输出
	IN1	Int、浮点数	I、Q、M、D、L、P 或常数	相乘的第1个值
	IN2	Int、浮点数		相乘的第2个值
	INn	Int、浮点数		相乘的第n个值
	OUT	Int、浮点数	I、Q、M、D、L、P	相乘的结果

当允许输入端 EN 为高电平"1"时，输入端 IN1、IN2 的数相除，结果送入 OUT 中，如表5-13所示。

表5-13　除指令

LAD	参数	数据类型	存储区	说明
DIV Auto(???) EN ENO IN1 OUT IN2 ✿	EN	Bool	I、Q、M、D、L	允许输入
	ENO	Bool		允许输出
	IN1	Int、浮点数	I、Q、M、D、L、P 或常数	被除数
	IN2	Int、浮点数		除数
	OUT	Int、浮点数	I、Q、M、D、L、P	相除的结果

（三）计算指令

可以使用计算指令定义并执行表达式，根据所选数据类型计算数学运算或复杂逻辑运算，如表5-14所示。

表5-14　计算指令

LAD	参数	数据类型	存储区	说明
	EN	Bool	I、Q、M、D、L	允许输入
	ENO	Bool		允许输出
	IN1	位字符串、Int、浮点数	I、Q、M、D、L、P或常数	第一个可用的输入
	IN2	位字符串、Int、浮点数		第二个可用的输入
	IN*n*	位字符串、Int、浮点数		其他插入的值
	OUT	位字符串、Int、浮点数	I、Q、M、D、L、P	最终结果要传送到的输出

可以从指令框的"???"下拉列表中选择该指令的数据类型。根据所选的数据类型，可以组合某些指令的函数执行复杂计算。将在一个对话框中指定待计算的表达式，单击指令框上方的"计算器"按钮可打开该对话框。表达式可以包含输入参数的名称和允许使用的指令，不能指定操作数名称和操作数地址。

在初始状态下，指令至少包含两个输入（IN1和IN2），可以扩展输入数目。在功能框中按升序对插入的输入编号。

使用输入的值执行指定表达式。表达式中不一定会使用所有的已定义输入。该指令的结果将传送到输出OUT中。

（四）转换指令

转换指令将读取参数IN的内容，并根据指令框中选择的数据类型对其进行转换。转换值存储在输出OUT中，转换指令应用十分灵活，如表5-15所示。

表5-15　转换指令

LAD	参数	数据类型	说明	存储区
	EN	Bool	允许输入	I、Q、M、D、L
	ENO	Bool	允许输出	
	IN	位字符串、Int、浮点数、Char、Wchar、BCD16、BCD32	要转换的值	I、Q、M、D、L、P或常数
	OUT		转换结果	Q、M、D、L、P

实训项目六 天塔之光控制系统

【学习目标】

（1）正确使用左移、右移指令。
（2）正确使用循环左移、循环右移指令。
（3）熟练使用位逻辑、传送、四则运算指令。

【建议学时】

4 学时。

【情景描述】

天塔之光控制系统模拟示意图如图 6-1 所示。

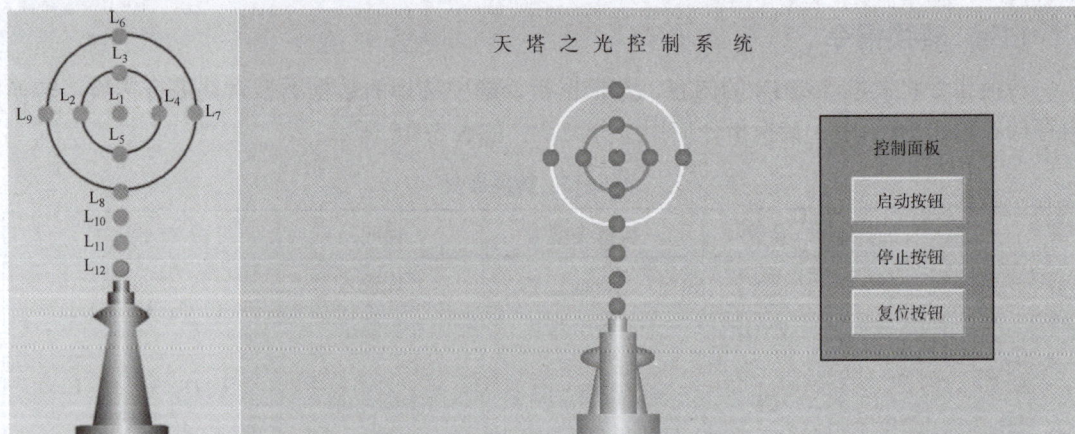

图 6-1　天塔之光控制系统模拟示意图

天塔之光控制系统的控制要求如下。
（1）单击"启动按钮"后，根据以下顺序进行亮灯，两个状态中间间隔 1 s。

$L_{12} \rightarrow L_{11} \rightarrow L_{10} \rightarrow L_8 \rightarrow L_1 \rightarrow L_1$，$L_2$，$L_9 \rightarrow L_1$，$L_5$，$L_8 \rightarrow L_1$，$L_4$，$L_7 \rightarrow L_1$，$L_3$，$L_6 \rightarrow L_1$，$L_2$，$L_3$，$L_4$，$L_5 \rightarrow L_6$，$L_7$，$L_8$，$L_9 \rightarrow L_1$，$L_2$，$L_6 \rightarrow L_1$，$L_3$，$L_7 \rightarrow L_1$，$L_4$，$L_8 \rightarrow L_1$，$L_5$，$L_9 \rightarrow L_1 \rightarrow$ L_2，L_3，L_4，$L_5 \rightarrow L_6$，L_7，L_8，$L_9 \rightarrow$ 周而复始。

（2）单击"复位按钮"重新开始亮灯。

（3）单击"停止按钮"暂停，单击"启动按钮"继续。

✦【项目实施】

一、信息收集

通过专业书籍、网络、标准与规范或资料页等信息源获取以下信息和知识，并将内容补充完整。

（1）分析并测试图 6-2 所示的程序段 1，以二进制的形式写出输出的变化。

图 6-2　程序段 1

（2）分析并测试图 6-3 所示的程序段 2。若 MB10 当前值是"1"，当 M5.0 触发 1 次上升沿信号时，MB10 的变化是什么？当 M5.0 触发 5 次上升沿信号时，MB10 的变化是什么？

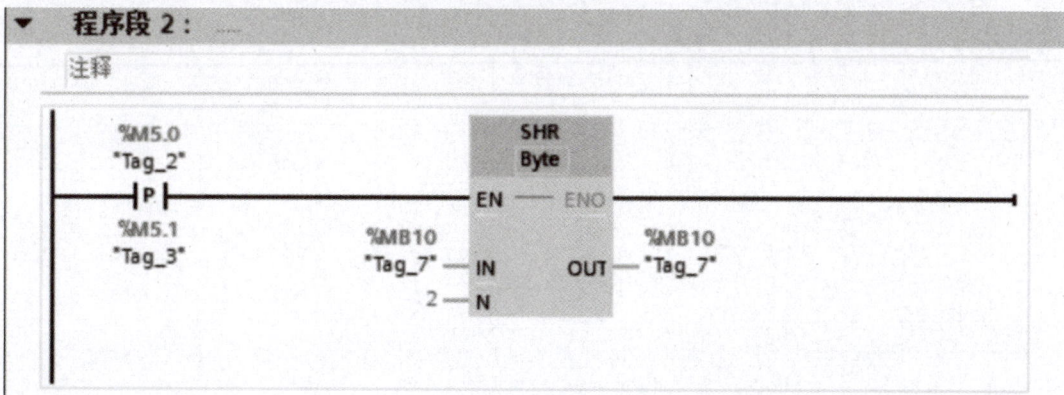

图 6-3　程序段 2

（3）分析并测试图6-4所示的程序段3。若MB10当前值是"1"，当M5.0触发1次上升沿信号时，MB10的变化是什么？当M5.0触发10次上升沿信号时，MB10的变化是什么？

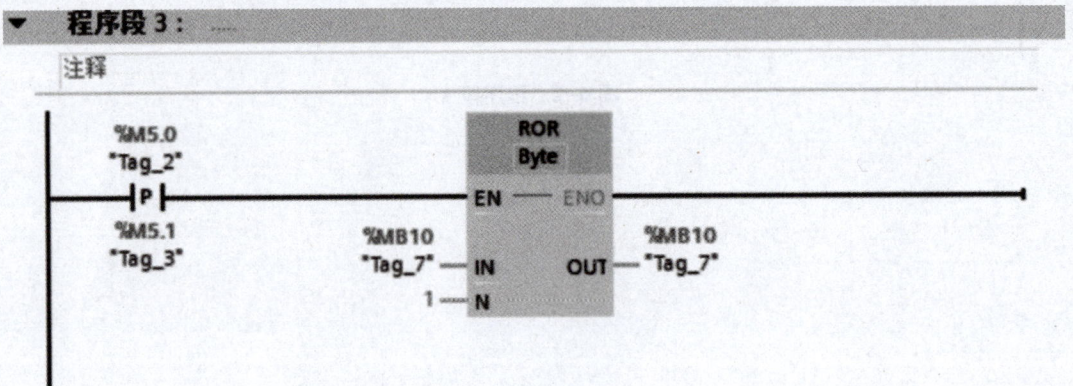

图6-4　程序段3

（4）前置任务。

循环跑马灯控制要求：

① 单击正向"启动按钮"，实现一个指示灯 2 Hz 正向往复循环；

② 单击反向"启动按钮"，实现一个指示灯 2 Hz 反向往复循环；

③ 单击"停止按钮"，停止跑马灯。

循环跑马灯 I/O 分配表如表 6-1 所示。

表 6-1　循环跑马灯 I/O 分配表

名称	数据类型	硬件地址	触摸屏地址
正向启动按钮	Bool		DB106. DBX0. 0
反向启动按钮	Bool		DB106. DBX0. 1
8 位指示灯	Bool		DB106. DBB1

（5）工艺流程分析：天塔之光控制系统参考工艺流程如图 6-5 所示。

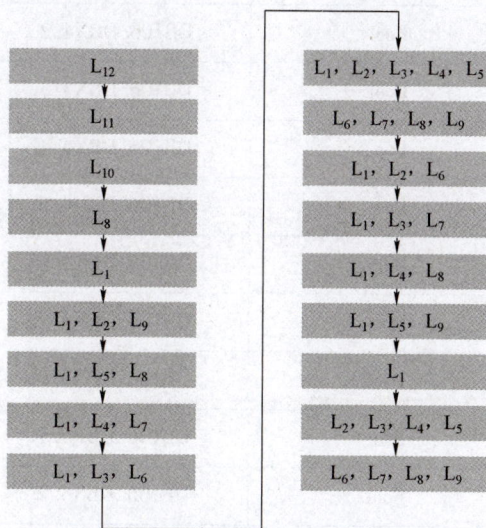

左列	右列
L_{12}	L_1, L_2, L_3, L_4, L_5
L_{11}	L_6, L_7, L_8, L_9
L_{10}	L_1, L_2, L_6
L_8	L_1, L_3, L_7
L_1	L_1, L_4, L_8
L_1, L_2, L_9	L_1, L_5, L_9
L_1, L_5, L_8	L_1
L_1, L_4, L_7	L_2, L_3, L_4, L_5
L_1, L_3, L_6	L_6, L_7, L_8, L_9

图 6-5　天塔之光控制系统参考工艺流程

（6）根据工艺流程分析填写I/O分配表，如表6-2所示。

表6-2　实训项目六I/O分配表

输入点			
名称	数据类型	地址	备注
启动按钮	Bool	DB106.DBX2.0	对应触摸屏变量
停止按钮	Bool	DB106.DBX2.1	对应触摸屏变量
复位按钮	Bool	DB106.DBX2.2	对应触摸屏变量
输出点			
名称	数据类型	地址	备注
L_1	Bool	DB106.DBX4.0	对应触摸屏变量
L_2	Bool	DB106.DBX4.1	对应触摸屏变量
L_3	Bool	DB106.DBX4.2	对应触摸屏变量
L_4	Bool	DB106.DBX4.3	对应触摸屏变量
L_5	Bool	DB106.DBX4.4	对应触摸屏变量
L_6	Bool	DB106.DBX4.5	对应触摸屏变量
L_7	Bool	DB106.DBX4.6	对应触摸屏变量
L_8	Bool	DB106.DBX4.7	对应触摸屏变量
L_9	Bool	DB106.DBX5.0	对应触摸屏变量
L_{10}	Bool	DB106.DBX5.1	对应触摸屏变量
L_{11}	Bool	DB106.DBX5.2	对应触摸屏变量
L_{12}	Bool	DB106.DBX5.3	对应触摸屏变量

二、制订计划

制订计划并填写表 6-3 所示的计划表。

表 6-3　计划表

学习情境		小组名称		日期	
学习任务		小组成员			

为了准备实践工作任务，必须制订必要的工作步骤计划，且工作步骤顺序要有意义。请将工作步骤计划写在下面

序号	工作步骤（关键词语或简短语句即可）

三、做出决策

做出决策并填写表 6-4 所示的决策表。

表 6-4　决策表

学习情境		小组名称		日期	
学习任务		小组成员			

计划 （方案）	比较项目				确定计划 （方案）
	合理性	可操作性	实施难度	实施时间	
1	□优 □中 □差	□易 □中 □难	□易 □中 □难	□短 □中 □长	
2	□优 □中 □差	□易 □中 □难	□易 □中 □难	□短 □中 □长	
3	□优 □中 □差	□易 □中 □难	□易 □中 □难	□短 □中 □长	

计划（方案）简要说明：

组长			教师	

四、实施任务

1. 设备检查

实训项目六设备检查表如表 6-5 所示。

表 6-5 实训项目六设备检查表

检查表				
序号	检查工作	检测点	检测结果	备注
1	电源电压	Q_1 断路器	220 V	
2	24 V 控制电压	Q_2 断路器	24 V	
3	计算机与 PLC 通信是否成功	—	□是/□否	
4	触摸屏与 PLC 通信是否成功	—	□是/□否	
5	触摸屏与 PLC 点位对应是否正确	—	□是/□否	

2. 编写程序

根据顺序功能图编写程序，编写程序时使用决策中确定的方案。

在以下空白处填写程序架构搭建方式、编程思路、程序主体与程序编写中所遇到的问题等。

3. 程序调试

下载程序，进行调试，列出调试过程中出现的问题。

4. 功能测试

实训项目六功能测试表如表6-6所示。

表6-6　实训项目六功能测试表

功能测试表					
序号	检查工作	自评	教师	备注	
1	单击"启动按钮"，亮灯是否开始	□是/□否	□是/□否		
2	单击"复位按钮"，是否重新开始亮灯	□是/□否	□是/□否		
3	单击"停止按钮"，是否暂停亮灯	□是/□否	□是/□否		
4	是否按照顺序进行周而复始亮灯	□是/□否	□是/□否		

五、检测评估

实训项目六自评互评表如表6-7所示。

表6-7　实训项目六自评互评表

自评互评表						
学习情境			学时			
学习任务			组长			
成员						
评价项目		评定标准	自评	互评	团队	教师
专业能力（49分）	安全操作	无违章操作，未发生安全事故 □优（0）　□中（-10）　□差（-20）				
	工作计划	计划合理、可操作性强 □优（7）　□中（4）　□差（2）				
	I/O地址分配表	准确、无误 □优（6）　□中（4）　□差（2）				
	功能描述	描述清楚，顺序流程符合控制工艺要求 □优（8）　□中（5）　□差（2）				
	程序编制	程序运行可靠、无缺陷，能够实现预期的控制功能 □优（10）　□中（5）　□差（2）				
	程序调试	调试方法正确，工具仪器使用得当 □优（8）　□中（5）　□差（2）				
	功能实现	符合设计要求和工艺标准 □优（10）　□中（5）　□差（3）				
方法能力（30分）	独立学习的能力	在教师的指导下，借助学习资料，能够独立学习新知识和新技能，完成工作任务 □优（8）　□中（5）　□差（2）				
	分析并解决问题的能力	在教师的指导下，独立解决工作中出现的各种问题，顺利完成工作任务 □优（8）　□中（5）　□差（2）				
	获取信息能力	通过网络、专业书籍、技术手册等获取信息，整理资料，获取所需知识 □优（7）　□中（4）　□差（2）				
	整体工作能力	根据工作任务，制订、实施工作计划，进行工作过程和产品质量的控制与管理 □优（7）　□中（4）　□差（2）				

评价项目		评定标准	自评	互评	团队	教师
社会能力（21分）	团队协作和沟通能力	工作过程中，团队成员之间相互沟通与协商，具备良好的群体意识，通力合作，圆满完成工作任务 □优（7）　□中（5）　□差（3）				
	工作任务的组织管理能力	能完成工作过程组织与管理，与相关人员协作，注意劳动安全 □优（7）　□中（5）　□差（3）				
	工作责任心与职业道德	具备良好的工作责任心、社会责任心、群体意识和职业道德 □优（7）　□中（4）　□差（2）				
小计						
总分（自评×15%+互评×15%+团队×30%+教师×40%）						

评语：

学生		教师		日期	

六、项目交付

实训项目六交付单如表6-8所示。

表 6-8 实训项目六交付单

项目交付单			
项目名称		学生	
工作时间		完成时间	
工作地点		检验教师	
编程思路与体会			
程序缺陷与改进分析			
程序缺陷		改进分析	
项目评价			

资料页

移位指令

移位-循环
移位指令

可以使用左移位指令将输入 IN 中操作数的内容按位向左移位，并在输出 OUT 中查询结果。参数 N 用于指定将指定值移位的位数。

如果参数 N 的值为"0"，则将输入 IN 的值复制到输出 OUT 的操作数中。

如果参数 N 的值大于可用位数，则输入 IN 的操作数值将向左移动可用位数个位，用零填充操作数右侧部分因移位空出的位。

左移位指令如表6-9所示。

表6-9 左移位指令

LAD	参数	数据类型	说明	存储区
	EN	Bool	允许输入	I、Q、M、D、L
	ENO	Bool	允许输出	
	IN	位字符串、Int	移位对象	I、Q、M、D、L 或常数
	N	USInt、UInt、UDInt、ULInt	移动的位数	
	OUT	位字符串、Int	移动操作的结果	I、Q、M、D、L

左移动指令示例：将 Word 数据类型操作数的内容向左移动 6 位，如图6-6所示。

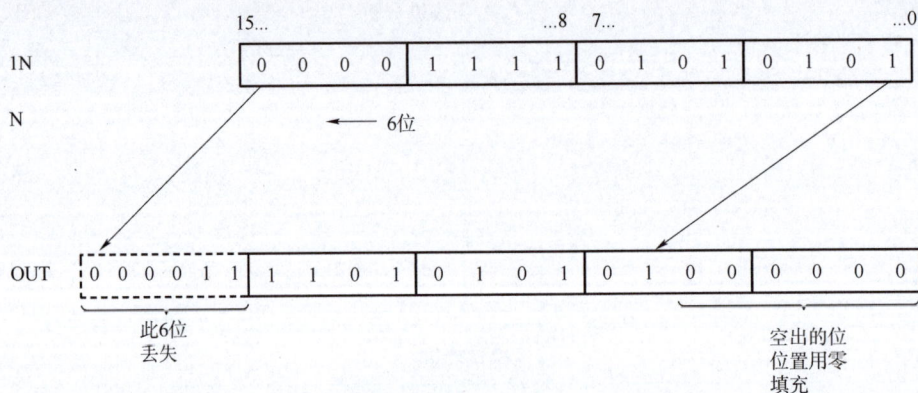

图6-6 左移位指令示例

可以使用右移位指令将输入 IN 中操作数的内容按位向右移位，并在输出 OUT 中查询结果。参数 N 用于指定将指定值移位的位数。

如果参数 N 的值为"0"，则将输入 IN 的值复制到输出 OUT 的操作数中。

如果参数 N 的值大于可用位数，则输入 IN 的操作数值将向右移动可用位数个位。

无符号值移位时，用零填充操作数左侧区域中空出的位。如果指定值有符号，则用符号位的信号状态填充空出的位，右移位指令如表6-10所示。

表 6-10　右移位指令

LAD	参数	数据类型	说明	存储区
SHR ???	EN	Bool	允许输入	I、Q、M、D、L
	ENO	Bool	允许输出	
EN — ENO IN — OUT N —	IN	位字符串、Int	移位对象	I、Q、M、D、L 或常数
	N	USInt、UInt、UDInt、ULInt	移动的位数	
	OUT	位字符串、Int	移动操作的结果	I、Q、M、D、L

右移动指令示例：将 Int 数据类型操作数的内容向右移动 4 位，如图 6-7 所示。

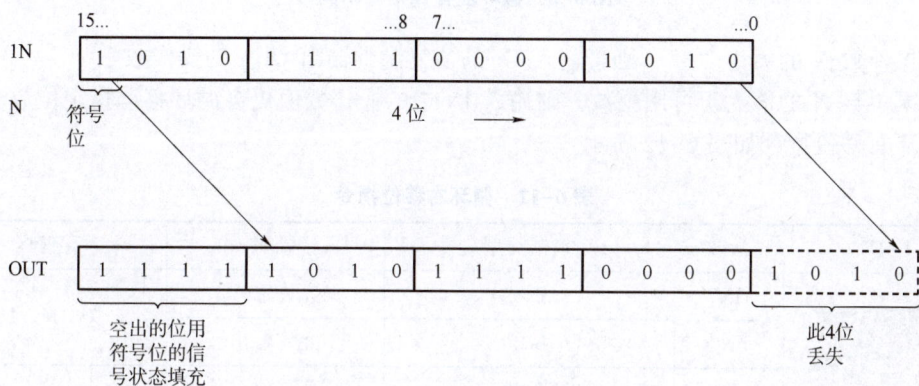

图 6-7　右移位指令示例

可以使用循环左移位指令将输入 IN 中操作数的内容按位向左循环移位，并在输出 OUT 中查询结果。参数 N 用于指定循环移位中待移动的位数。用移出的位填充因循环移位而空出的位。

如果参数 N 的值为 "0"，则将输入 IN 的值复制到输出 OUT 的操作数中。

如果参数 N 的值大于可用位数，则输入 IN 中的操作数值仍会循环移动指定位数。

循环左移位指令如表 6-11 所示。

表 6-11　循环左移位指令

LAD	参数	数据类型	说明	存储区
ROL ???	EN	Bool	允许输入	I、Q、M、D、L
	ENO	Bool	允许输出	
EN — ENO IN — OUT N —	IN	位字符串、Int	循环移位对象	I、Q、M、D、L 或常数
	N	USInt、UInt、UDInt、ULInt	循环移动的位数	
	OUT	位字符串、Int	循环移动的结果	I、Q、M、D、L

循环左移位指令示例：将 DWord 数据类型操作数的内容向左循环移动 3 位，如图 6-8 所示。

可以使用循环右移位指令将输入 IN 中操作数的内容按位向右循环移位，并在输出 OUT 中查询结果。参数 N 用于指定循环移位中待移动的位数。用移出的位填充因循环移位而空出的位。

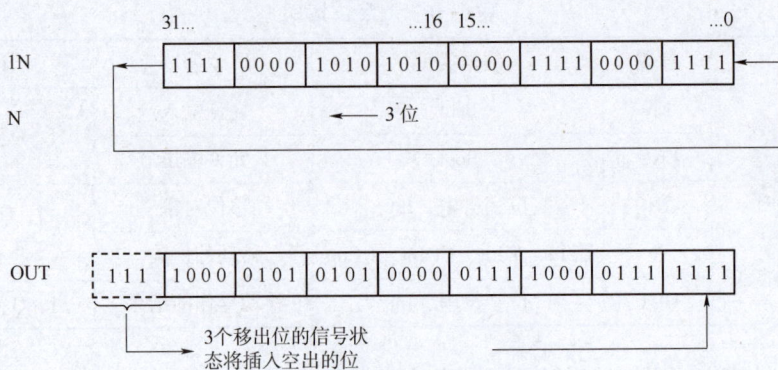

图 6-8   循环左移位指令示例

如果参数 N 的值为 "0"，则将输入 IN 的值复制到输出 OUT 的操作数中。

如果参数 N 的值大于可用位数，则输入 IN 中的操作数值仍会循环移动指定位数。

循环右移位指令如表 6-12 所示。

表 6-12   循环右移位指令

LAD	参数	数据类型	说明	存储区
ROR ??? EN ENO IN OUT N	EN	Bool	允许输入	I、Q、M、D、L
	ENO	Bool	允许输出	
	IN	位字符串、Int	循环移位对象	I、Q、M、D、L 或常数
	N	USInt、UInt、UDInt、ULInt	循环移动的位数	
	OUT	位字符串、Int	循环移动的结果	I、Q、M、D、L

循环右移动指令示例：将 DWord 数据类型操作数的内容向右循环移动 3 位，如图 6-9 所示。

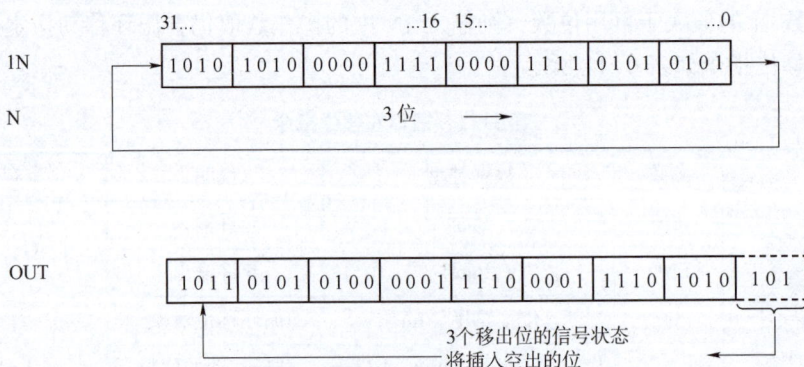

图 6-9   循环右移位指令示例

实训项目七 三层电梯控制系统

【学习目标】

精通位逻辑、定时器等指令的配合应用。

【建议学时】

6学时。

【情景描述】

电梯系统是日常生活中常见的系统，此任务只是为了学习逻辑控制，并没有完全按照真实的电梯控制系统设计。三层电梯控制系统模拟示意图如图7-1所示。

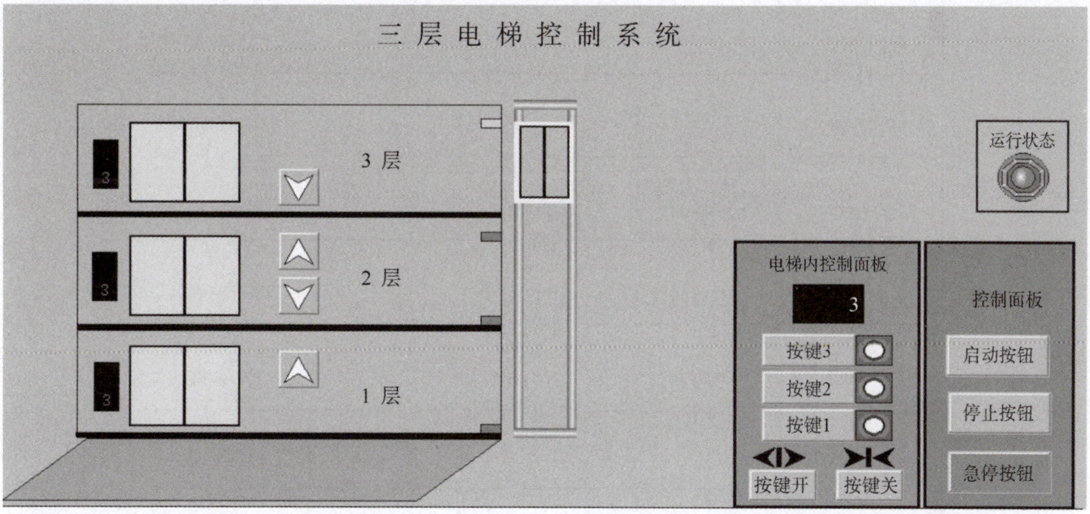

图7-1 三层电梯控制系统模拟示意图

三层电梯控制系统的控制要求如下。

（1）电梯的上升与下降由一台电动机拖动控制，1层底部有一个行程开关，2层底部和上部各有一个行程开关，3层上部有一个行程开关。

（2）在任何情况下按上升按键或下降按键后都视为呼叫电梯（本层呼叫除外），若呼叫后电梯上升或下降到对应楼层的行程开关位置，呼叫停止。

（3）若电梯在2层，上下两层都进行了呼叫，首先判断2层是否有人要去其他楼层，若没有，则按照呼叫的先后顺序进行选择。

（4）到达楼层后开门，等待5 s后关门，若此时光栅检测到有物体，则不关门或再次开门（当关门时，一直按面板"按键开"按钮同样再次开门）；若一直有物体遮挡，则10 s后报警。

（5）按所有按钮后，指示灯都要有相应的显示。

（6）按"停止按钮"或"急停按钮"后，电梯系统停止运行。

【项目实施】

一、信息收集

通过专业书籍、网络、标准与规范或资料页等信息源获取以下信息和知识，并将内容补充完整。

（1）分析图7-2所示的程序。

若当前电梯在1层，同时按3个按钮后程序的执行顺序是什么？

若当前电梯在2层，同时按3个按钮后程序的执行顺序是什么？

若当前电梯在3层，同时按3个按钮后程序的执行顺序是什么？

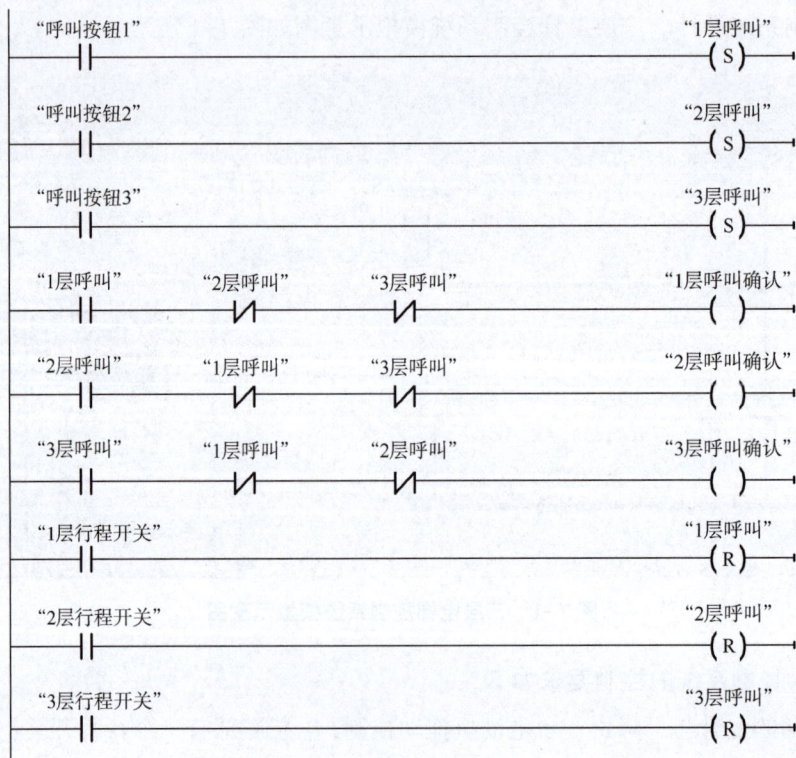

```
"呼叫按钮1"                                              "1层呼叫"
──┤├──────────────────────────────────────────────────( S )──

"呼叫按钮2"                                              "2层呼叫"
──┤├──────────────────────────────────────────────────( S )──

"呼叫按钮3"                                              "3层呼叫"
──┤├──────────────────────────────────────────────────( S )──

"1层呼叫"      "2层呼叫"      "3层呼叫"                  "1层呼叫确认"
──┤├──────────┤/├──────────┤/├───────────────────────(   )──

"2层呼叫"      "1层呼叫"      "3层呼叫"                  "2层呼叫确认"
──┤├──────────┤/├──────────┤/├───────────────────────(   )──

"3层呼叫"      "1层呼叫"      "2层呼叫"                  "3层呼叫确认"
──┤├──────────┤/├──────────┤/├───────────────────────(   )──

"1层行程开关"                                           "1层呼叫"
──┤├──────────────────────────────────────────────────( R )──

"2层行程开关"                                           "2层呼叫"
──┤├──────────────────────────────────────────────────( R )──

"3层行程开关"                                           "3层呼叫"
──┤├──────────────────────────────────────────────────( R )──
```

图7-2 程序

（2）工艺流程分析。

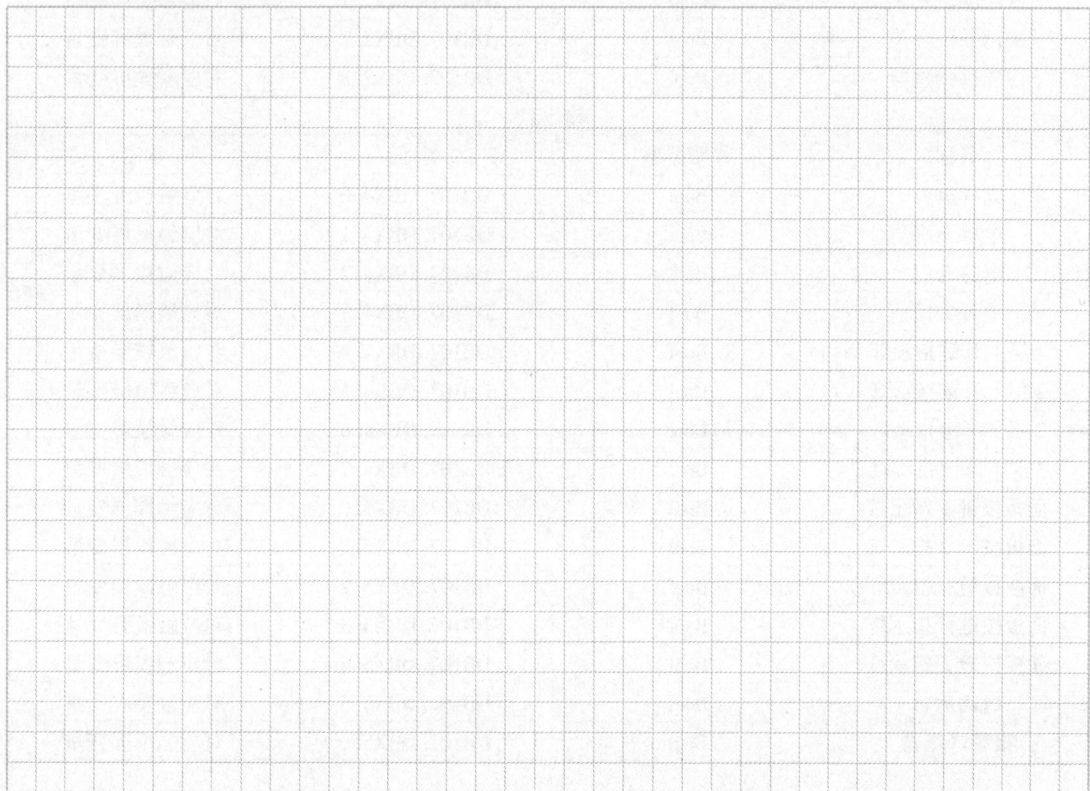

（3）根据工艺流程分析填写 I/O 分配表，如表 7-1 所示。

表 7-1　实训项目七 I/O 分配表

输入点			
名称	数据类型	地址	备注
备用	Bool	DB107. DBX0. 0	对应触摸屏变量
启动按钮	Bool	DB107. DBX0. 1	对应触摸屏变量
停止按钮	Bool	DB107. DBX0. 2	对应触摸屏变量
急停按钮	Bool	DB107. DBX0. 3	对应触摸屏变量
1 层上升按键	Bool	DB107. DBX0. 4	对应触摸屏变量
2 层上升按键	Bool	DB107. DBX0. 5	对应触摸屏变量
2 层下降按键	Bool	DB107. DBX0. 6	对应触摸屏变量
3 层下降按键	Bool	DB107. DBX0. 7	对应触摸屏变量
1 层下侧行程开关	Bool	DB107. DBX1. 0	对应触摸屏变量
2 层上侧行程开关	Bool	DB107. DBX1. 1	对应触摸屏变量
2 层下侧行程开关	Bool	DB107. DBX1. 2	对应触摸屏变量
3 层上侧行程开关	Bool	DB107. DBX1. 3	对应触摸屏变量
面板按键 1	Bool	DB107. DBX1. 4	对应触摸屏变量
面板按键 2	Bool	DB107. DBX1. 5	对应触摸屏变量
面板按键 3	Bool	DB107. DBX1. 6	对应触摸屏变量
面板按键开	Bool	DB107. DBX1. 7	对应触摸屏变量
面板按键关	Bool	DB107. DBX2. 0	对应触摸屏变量
开门限位开关	Bool	DB107. DBX2. 1	对应触摸屏变量
关门限位开关	Bool	DB107. DBX2. 2	对应触摸屏变量
门光栅传感器	Bool	DB107. DBX2. 3	对应触摸屏变量
输出点			
名称	数据类型	地址	备注
电梯上升	Bool	DB107. DBX4. 0	对应触摸屏变量
电梯下降	Bool	DB107. DBX4. 1	对应触摸屏变量
电梯开门	Bool	DB107. DBX4. 2	对应触摸屏变量
电梯关门	Bool	DB107. DBX4. 3	对应触摸屏变量
1 层上升键指示灯	Bool	DB107. DBX4. 4	对应触摸屏变量
2 层上升键指示灯	Bool	DB107. DBX4. 5	对应触摸屏变量
2 层下降键指示灯	Bool	DB107. DBX4. 6	对应触摸屏变量
3 层下降键指示灯	Bool	DB107. DBX4. 7	对应触摸屏变量
面板按键 1 指示灯	Bool	DB107. DBX5. 0	对应触摸屏变量
面板按键 2 指示灯	Bool	DB107. DBX5. 1	对应触摸屏变量
面板按键 3 指示灯	Bool	DB107. DBX5. 2	对应触摸屏变量
面板按键开指示灯	Bool	DB107. DBX5. 3	对应触摸屏变量
面板按键关指示灯	Bool	DB107. DBX5. 4	对应触摸屏变量
启动运行	Bool	DB107. DBX5. 5	对应触摸屏变量
报警蜂鸣器	Bool	DB107. DBX5. 6	对应触摸屏变量

二、制订计划

制订计划并填写表 7-2 所示的计划表。

表 7-2　计划表

学习情境		小组名称		日期	
学习任务		小组成员			
为了准备实践工作任务，必须制订必要的工作步骤计划，且工作步骤顺序要有意义。请将工作步骤计划写在下面					
序号	工作步骤（关键词语或简短语句即可）				

三、做出决策

做出决策并填写表 7-3 所示的决策表。

表 7-3 决策表

学习情境			小组名称		日期	
学习任务			小组成员			
计划（方案）	比较项目					确定计划（方案）
	合理性	可操作性	实施难度	实施时间		
1	□优 □中 □差	□易 □中 □难	□易 □中 □难	□短 □中 □长		
2	□优 □中 □差	□易 □中 □难	□易 □中 □难	□短 □中 □长		
3	□优 □中 □差	□易 □中 □难	□易 □中 □难	□短 □中 □长		

计划（方案）简要说明：

组长			教师	

四、实施任务

1. 设备检查

实训项目七设备检查表如表 7-4 所示。

表 7-4　实训项目七设备检查表

检查表				
序号	检查工作	检测点	检测结果	备注
1	电源电压	Q_1 断路器	220 V	
2	24 V 控制电压	Q_2 断路器	24 V	
3	计算机与 PLC 通信是否成功	—	□是/□否	
4	触摸屏与 PLC 通信是否成功	—	□是/□否	
5	触摸屏与 PLC 点位对应是否正确	—	□是/□否	

2. 编写程序

根据顺序功能图编写程序，编写程序时使用决策中确定的方案。

在以下空白处填写程序架构搭建方式、编程思路、程序主体与程序编写中所遇到的问题等。

3. 程序调试

下载程序，进行调试，列出调试过程中出现的问题。

4. 功能测试

实训项目七功能测试表如表7-5所示。

表7-5　实训项目七功能测试表

功能测试表				
序号	检查工作	自评	教师	备注
1	按"启动按钮"，系统是否进入运行状态	□是/□否	□是/□否	
2	按任何一层电梯的呼叫按钮，是否都能到达相应的层数	□是/□否	□是/□否	
3	到达楼层后是否延时5 s开门	□是/□否	□是/□否	
4	光栅传感器检测有物体，一直按"按键开"是否不关门	□是/□否	□是/□否	
5	超时10 s是否有关门报警	□是/□否	□是/□否	
6	所有按钮对应的指示灯是否正确的显示	□是/□否	□是/□否	
7	按"停止按钮"或"急停按钮"，系统是否停止运行	□是/□否	□是/□否	

五、检测评估

实训项目七自评互评表如表 7-6 所示。

表 7-6　实训项目七自评互评表

自评互评表						
学习情境			学时			
学习任务			组长			
成员						
评价项目		评定标准	自评	互评	团队	教师
专业能力（49分）	安全操作	无违章操作，未发生安全事故 □优（0）　□中（-10）　□差（-20）				
	工作计划	计划合理、可操作性强 □优（7）　□中（4）　□差（2）				
	I/O 地址分配表	准确、无误 □优（6）　□中（4）　□差（2）				
	功能描述	描述清楚，顺序流程符合控制工艺要求 □优（8）　□中（5）　□差（2）				
	程序编制	程序运行可靠、无缺陷，能够实现预期的控制功能 □优（10）　□中（5）　□差（2）				
	程序调试	调试方法正确，工具仪器使用得当 □优（8）　□中（5）　□差（2）				
	功能实现	符合设计要求和工艺标准 □优（10）　□中（5）　□差（3）				
方法能力（30分）	独立学习的能力	在教师的指导下，借助学习资料，能够独立学习新知识和新技能，完成工作任务 □优（8）　□中（5）　□差（2）				
	分析并解决问题的能力	在教师的指导下，独立解决工作中出现的各种问题，顺利完成工作任务 □优（8）　□中（5）　□差（2）				
	获取信息能力	通过网络、专业书籍、技术手册等获取信息，整理资料，获取所需知识 □优（7）　□中（4）　□差（2）				
	整体工作能力	根据工作任务，制订、实施工作计划，进行工作过程和产品质量的控制与管理 □优（7）　□中（4）　□差（2）				

评价项目		评定标准	自评	互评	团队	教师
社会能力 (21分)	团队协作和 沟通能力	工作过程中，团队成员之间相互沟通与协商，具备良好的群体意识，通力合作，圆满完成工作任务 □优（7）　□中（5）　□差（3）				
	工作任务的 组织管理 能力	能完成工作过程组织与管理，与相关人员协作，注意劳动安全 □优（7）　□中（5）　□差（3）				
	工作责任心 与职业道德	具备良好的工作责任心、社会责任心、群体意识和职业道德 □优（7）　□中（4）　□差（2）				
小计						
总分（自评×15%+互评×15%+团队×30%+教师×40%）						

评语：

学生		教师		日期	

六、项目交付

实训项目七交付单如表 7-7 所示。

表 7-7 实训项目七交付单

项目交付单			
项目名称		学生	
工作时间		完成时间	
工作地点		检验教师	
编程思路与体会			
程序缺陷与改进分析			
程序缺陷		改进分析	
项目评价			

实训项目八　汽车自动清洗机

🎵 【学习目标】

（1）正确绘制顺序功能图。

（2）正确使用顺序控制编程法的单列结构。

（3）正确使用顺序控制编程法的条件循环结构。

（4）精通顺序功能图与程序的转换步骤。

（5）正确使用顺序控制编程法的手动与自动配合动作。

🎵 【建议学时】

6学时。

🎵 【情景描述】

　　汽车自动清洗机洗车比人工洗车速度快、效率高，从根本上解决了洗车排队等候带来的一系列问题，减少了人力资源浪费，降低了劳动强度，做到了干净快捷。汽车自动清洗机模拟示意图如图8-1所示。

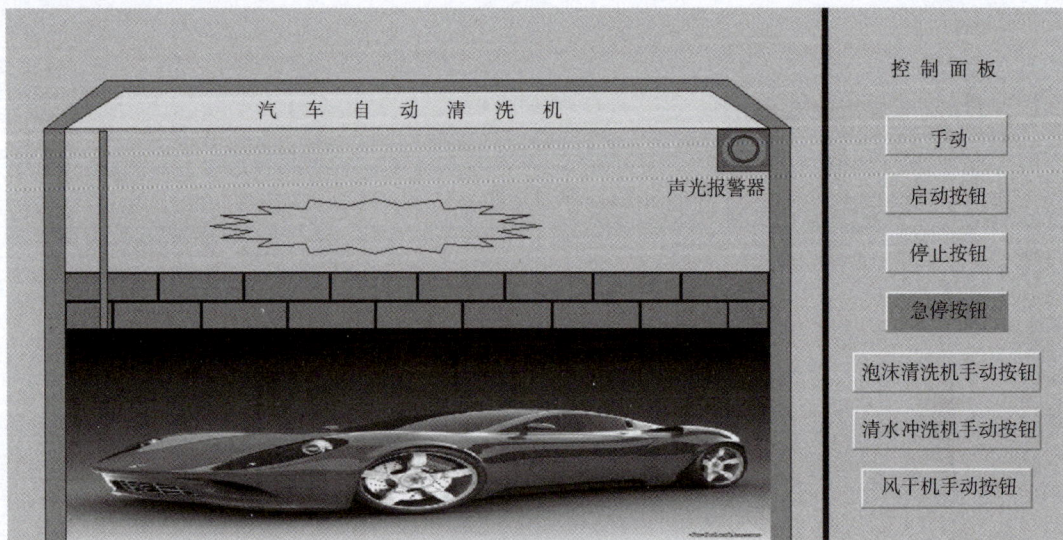

图8-1　汽车自动清洗机模拟示意图

汽车自动清洗机的控制要求如下。

（1）洗车过程包含泡沫清洗、清水冲洗和风干 3 道工艺。

（2）单击"手动"按钮切换到手动状态，单击"泡沫清洗机手动按钮"，执行泡沫清洗；单击"清水冲洗机手动按钮"，执行清水冲洗；单击"风干机手动按钮"，执行风干。

（3）再次单击"手动"按钮切换到自动状态，单击"启动按钮"，泡沫清洗 20 s 后进行清水冲洗 30 s。

（4）若此时清洗次数小于或等于 2 次，则继续进行泡沫清洗与清水清洗。

（5）若此时清洗次数大于或等于 2 次，则风干机运行 15 s 结束，回到待洗状态。

（6）洗车过程结束需响铃提示，任何时候单击"停止按钮"，立即停止洗车作业。

（7）注意在清洗完成后需要清除清洗次数。

（8）在任何情况下都可以停止设备，单击"急停按钮"设备动作全部停止。

【项目实施】

一、信息收集

通过专业书籍、网络、标准与规范或资料页等信息源获取以下信息和知识，并将内容补充完整。

（1）分析图 8-2 所示的顺序功能图 1，说明结构类型并写出转换后的程序。

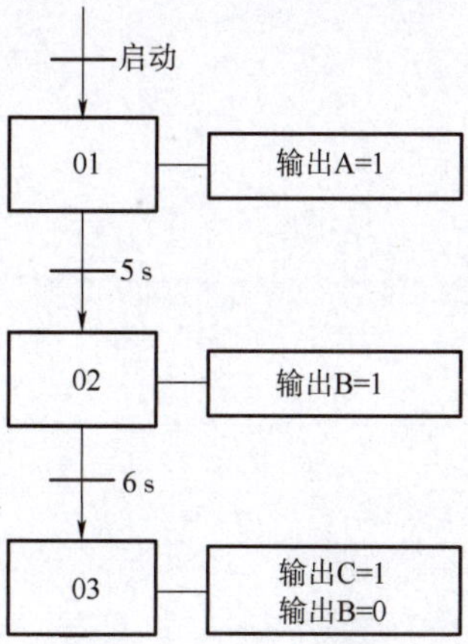

图 8-2　顺序功能图 1

（2）分析图 8-3 所示的顺序功能图 2，说明结构类型并写出转换后的程序。

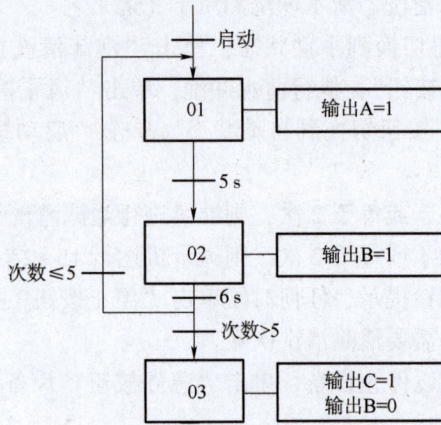

图 8-3　顺序功能图 2

（3）工艺流程分析。

（4）根据工艺流程分析填写 I/O 分配表，如表 8-1 所示。

表 8-1　实训项目八 I/O 分配表

输入点			
名称	数据类型	地址	备注
手动	Bool	DB108. DBX0. 0	对应触摸屏变量
启动按钮	Bool	DB108. DBX0. 1	对应触摸屏变量
停止按钮	Bool	DB108. DBX0. 2	对应触摸屏变量
急停按钮	Bool	DB108. DBX0. 3	对应触摸屏变量
泡沫清洗机手动按钮	Bool	DB108. DBX0. 4	对应触摸屏变量
清水冲洗机手动按钮	Bool	DB108. DBX0. 5	对应触摸屏变量
风干机手动按钮	Bool	DB108. DBX0. 6	对应触摸屏变量
输出点			
名称	数据类型	地址	备注
泡沫清洗机	Bool	DB108. DBX2. 0	对应触摸屏变量
清水冲洗机	Bool	DB108. DBX2. 1	对应触摸屏变量
风干机	Bool	DB108. DBX2. 2	对应触摸屏变量
声光报警器	Bool	DB108. DBX2. 3	对应触摸屏变量
清洗次数	Int	DB108. DBW4	对应触摸屏变量

二、制订计划

制订计划并填写表8-2所示的计划表。

表8-2　计划表

学习情境		小组名称		日期	
学习任务		小组成员			

为了准备实践工作任务，必须制订必要的工作步骤计划，且工作步骤顺序要有意义。请将工作步骤计划写在下面

序号	工作步骤（关键词语或简短语句即可）

三、做出决策

做出决策并填写表8-3所示的决策表。

表8-3　决策表

学习情境		小组名称		日期	
学习任务		小组成员			

计划（方案）	比较项目				确定计划（方案）
	合理性	可操作性	实施难度	实施时间	
1	□优 □中 □差	□易 □中 □难	□易 □中 □难	□短 □中 □长	
2	□优 □中 □差	□易 □中 □难	□易 □中 □难	□短 □中 □长	
3	□优 □中 □差	□易 □中 □难	□易 □中 □难	□短 □中 □长	

计划（方案）简要说明：

组长		教师	

四、实施任务

1. 绘制顺序功能图

根据个人思路绘制顺序功能图。

2. 设备检查

实训项目八设备检查表如表 8-4 所示。

表 8-4　实训项目八设备检查表

检查表				
序号	检查工作	检测点	检测结果	备注
1	电源电压	Q_1 断路器	220 V	
2	24 V 控制电压	Q_2 断路器	24 V	
3	计算机与 PLC 通信是否成功	—	□是/□否	
4	触摸屏与 PLC 通信是否成功	—	□是/□否	
5	触摸屏与 PLC 点位对应是否正确	—	□是/□否	

3. 编写程序

根据顺序功能图编写程序，编写程序时使用决策中确定的方案。

在以下空白处填写程序架构搭建方式、编程思路、程序主体与程序编写中所遇到的问题等。

4. 程序调试

下载程序，进行调试，列出调试过程中出现的问题。

5. 功能测试

实训项目八功能测试表如表8-5所示。

表8-5　实训项目八功能测试表

功能测试表				
序号	检查工作	自评	教师	备注
1	单击"手动"按钮切换到手动状态，单击"泡沫清洗机手动按钮"，则执行泡沫清洗；单击"清水冲洗机手动按钮"，则执行清水冲洗；单击"风干机手动按钮"，则执行风干	□是/□否	□是/□否	
2	再次单击"手动"按钮切换到自动状态，单击"启动按钮"，泡沫清洗20 s后进行清水冲洗30 s	□是/□否	□是/□否	
3	若此时清洗次数小于或等于2次，则继续进行泡沫清洗与清水清洗	□是/□否	□是/□否	
4	若此时清洗次数大于等于2次则风干机运行15 s结束，回到待洗状态	□是/□否	□是/□否	
5	洗车过程结束需响铃提示	□是/□否	□是/□否	
6	任何时候单击"停止按钮"，立即停止洗车作业	□是/□否	□是/□否	
7	清洗完成后需要清除清洗次数	□是/□否	□是/□否	
8	在任何情况下都可以停止设备，单击"急停按钮"设备动作全部停止	□是/□否	□是/□否	

五、检测评估

实训项目八自评互评表如表8-6所示。

表8-6　实训项目八自评互评表

自评互评表						
学习情境			学时			
学习任务			组长			
成员						
评价项目		评定标准	自评	互评	团队	教师
专业能力（49分）	安全操作	无违章操作，未发生安全事故 □优（0）　□中（-10）　□差（-20）				
	工作计划	计划合理、可操作性强 □优（7）　□中（4）　□差（2）				
	I/O地址分配表	准确、无误 □优（6）　□中（4）　□差（2）				
	功能描述及顺序流程图	描述清楚，顺序流程符合控制工艺要求 □优（8）　□中（5）　□差（2）				
	程序编制	程序运行可靠、无缺陷，能够实现预期的控制功能 □优（10）　□中（5）　□差（2）				

评价项目		评定标准	自评	互评	团队	教师
专业能力（49分）	程序调试	调试方法正确，工具仪器使用得当 □优（8）　□中（5）　□差（2）				
	功能实现	符合设计要求和工艺标准 □优（10）　□中（5）　□差（3）				
方法能力（30分）	独立学习的能力	在教师的指导下，借助学习资料，能够独立学习新知识和新技能，完成工作任务 □优（8）　□中（5）　□差（2）				
	分析并解决问题的能力	在教师的指导下，独立解决工作中出现的各种问题，顺利完成工作任务 □优（8）　□中（5）　□差（2）				
	获取信息能力	通过网络、专业书籍、技术手册等获取信息，整理资料，获取所需知识 □优（7）　□中（4）　□差（2）				
	整体工作能力	根据工作任务，制订、实施工作计划，进行工作过程和产品质量的控制与管理 □优（7）　□中（4）　□差（2）				
社会能力（21分）	团队协作和沟通能力	工作过程中，团队成员之间相互沟通与协商，具备良好的群体意识，通力合作，圆满完成工作任务 □优（7）　□中（5）　□差（3）				
	工作任务的组织管理能力	能完成工作过程组织与管理，与相关人员协作，注意劳动安全 □优（7）　□中（5）　□差（3）				
	工作责任心与职业道德	具备良好的工作责任心、社会责任心、群体意识和职业道德 □优（7）　□中（4）　□差（2）				
小计						
总分（自评×15%＋互评×15%＋团队×30%＋教师×40%）						
评语：						

学生			教师		日期	

实训项目八 汽车自动清洗机

六、项目交付

实训项目八交付单如表8-7所示。

表8-7　实训项目八交付单

项目交付单			
项目名称		学生	
工作时间		完成时间	
工作地点		检验教师	
编程思路与体会			
程序缺陷与改进分析			
程序缺陷		改进分析	
项目评价			

资料页

（一）顺序控制编程方式

在 PLC 编程的过程中，常需要按顺序控制应用场景。选择一种合理高效的编程方式，可以快速构建顺序控制应用场景。

（二）基本思路

顺序控制系统要将设备的动作细分为单个动作步，每步执行一个操作，且步与步之间通过对应转换条件连接及动作步切换。严格按照此思路，选择合理的程序实现结构，即可轻易完成顺序控制要求的功能。

（三）编程方式

顺序控制编程并没有提供专门的指令进行编程，实现顺序控制编程的方式有很多种，常用的方式包括：起保停控制方式、置位复位控制方式、传送数据比较控制方式。

这里只对传送数据比较控制方式作介绍（此方式逻辑性相对于其他两种方式较低）。

（四）顺序功能图结构

顺序功能图结构的组成如图 8-4 所示。

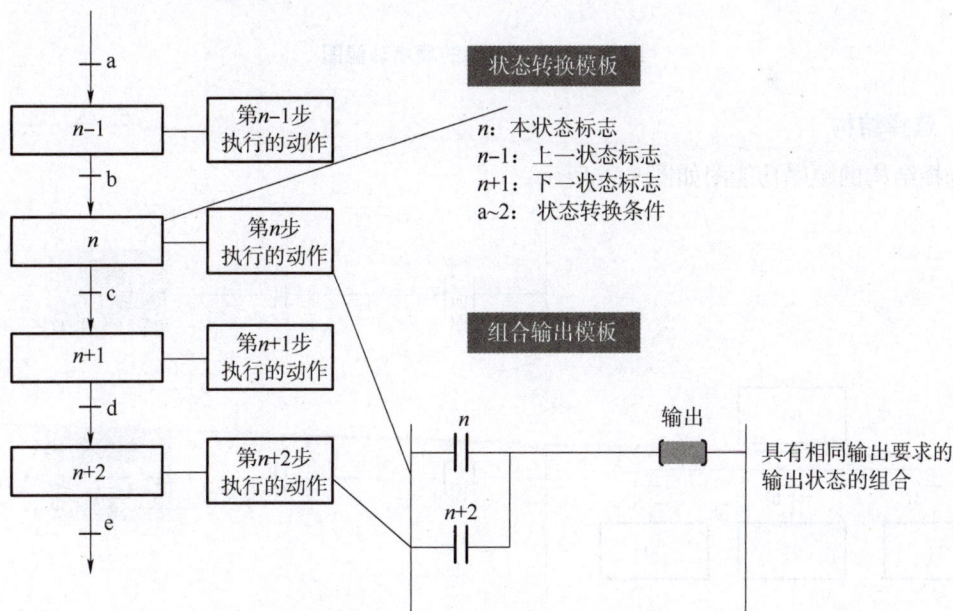

图 8-4　顺序功能图结构的组成

1. 单列结构

单列结构的顺序功能图如图8-5所示。

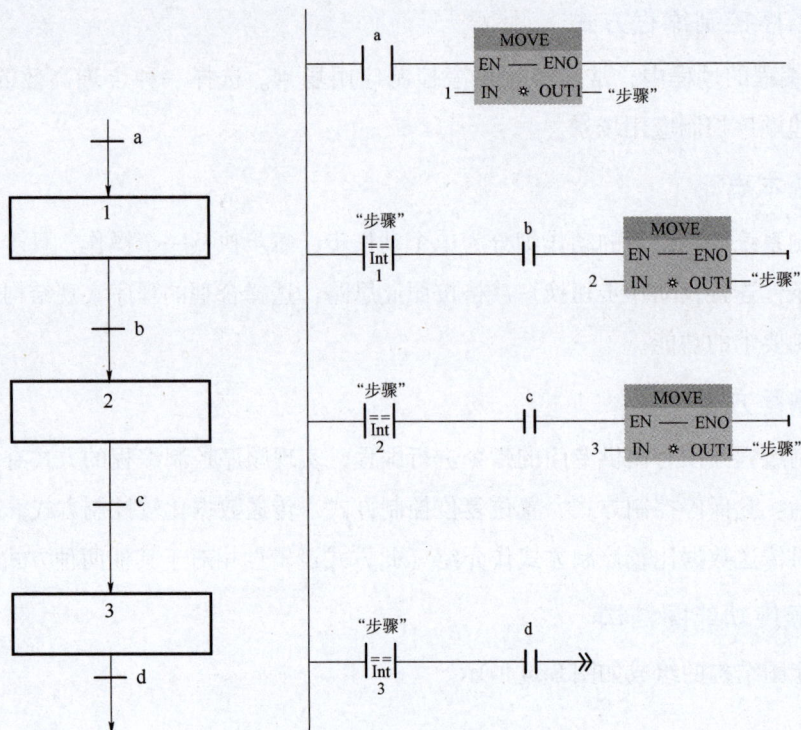

图8-5　单列结构的顺序功能图

2. 选择结构

选择结构的顺序功能图如图8-6所示。

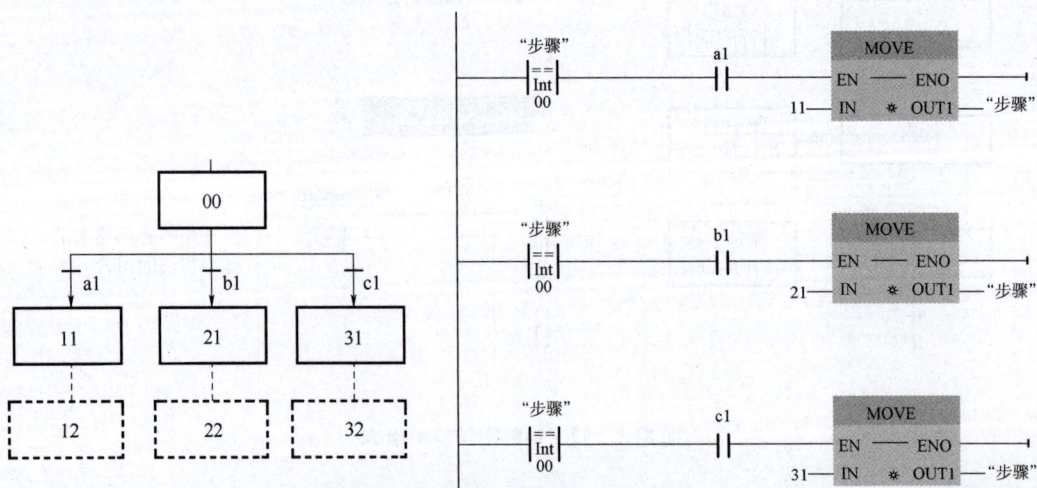

图8-6　选择结构的顺序功能图

3. 合并结构

合并结构的顺序功能图如图 8-7 所示。

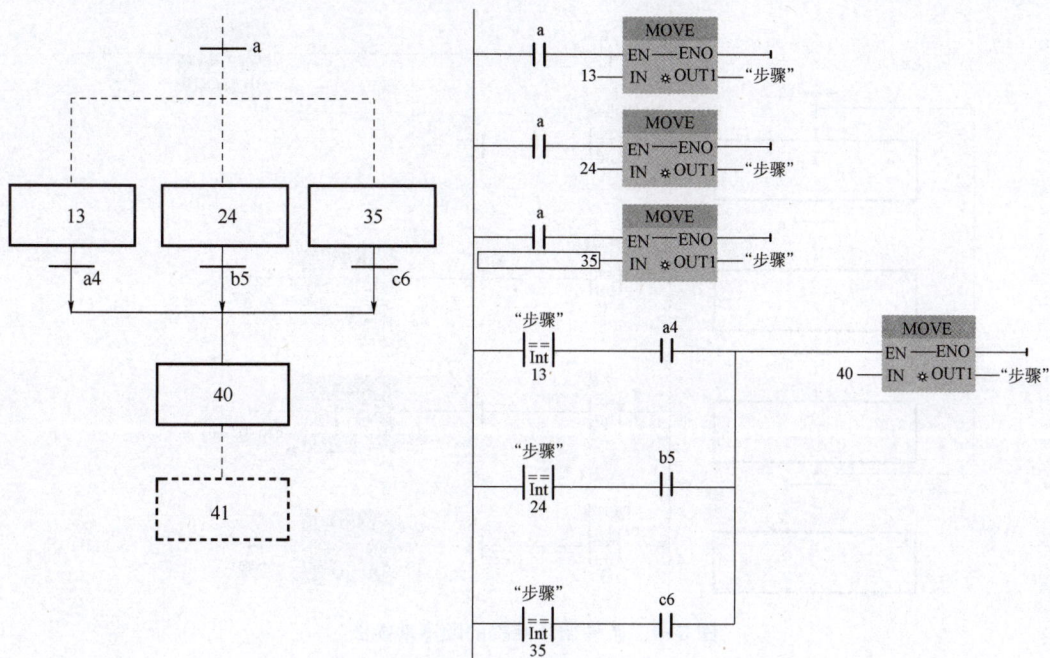

图 8-7　合并结构的顺序功能图

4. 单循环

单循环结构的顺序功能图如图 8-8 所示。

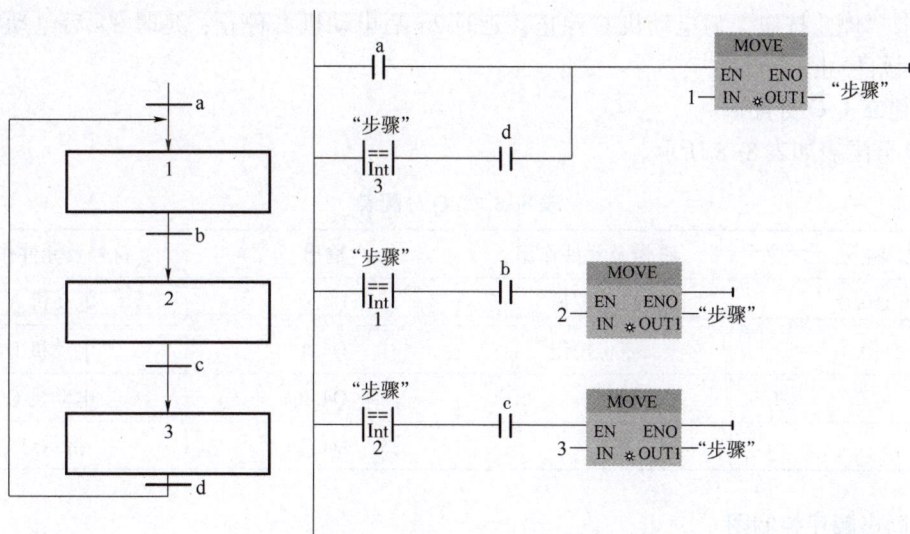

图 8-8　单循环结构的顺序功能图

5. 条件循环

条件循环结构的顺序功能图如图 8-9 所示。

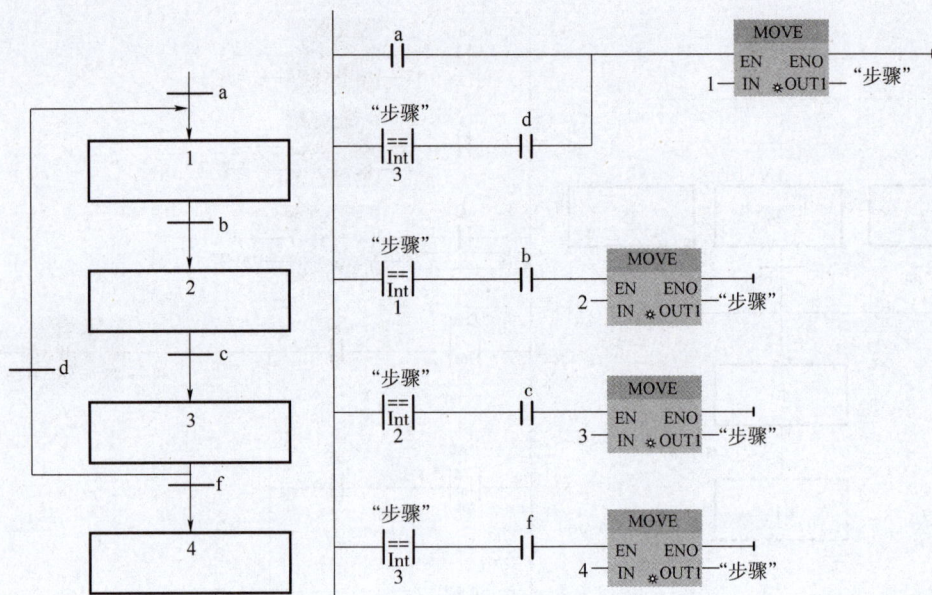

图 8-9　条件循环结构的顺序功能图

(五) 顺序控制程序样例

1. 控制要求

单击"启动按钮",电动机 A 启动;延时 5 s 后电动机 B 启动;延时 4 s 后电动机 C 启动,指示灯频率闪烁。

单击"停止按钮"后电动机 C 停止;延时 2 s 后电动机 B 停止;延时 3 s 后电动机 A 停止,指示灯停止闪烁。

2. 建立 I/O 分配表

I/O 分配表如表 8-8 所示。

表 8-8　I/O 分配表

输入	符号及元件作用	输出	符号及元件作用
I10.0	启动按钮	Q4.0	电动机 A
I10.1	停止按钮	Q4.1	电动机 B
		Q4.2	电动机 C
		Q4.3	指示灯

3. 画出顺序控制图

3 台电动机顺序启停控制的顺序功能图如图 8-10 所示。

4. 转化/编写程序

3 台电动机顺序启停控制的参考程序如图 8-11 所示。

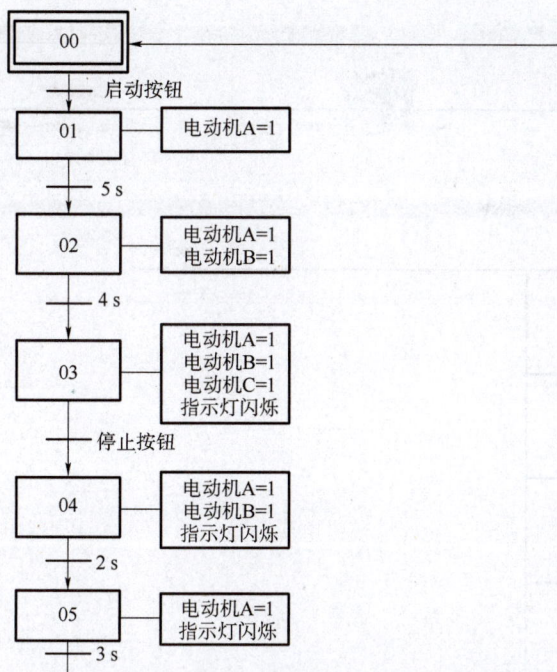

图 8-10　3 台电动机顺序启停控制的顺序功能图

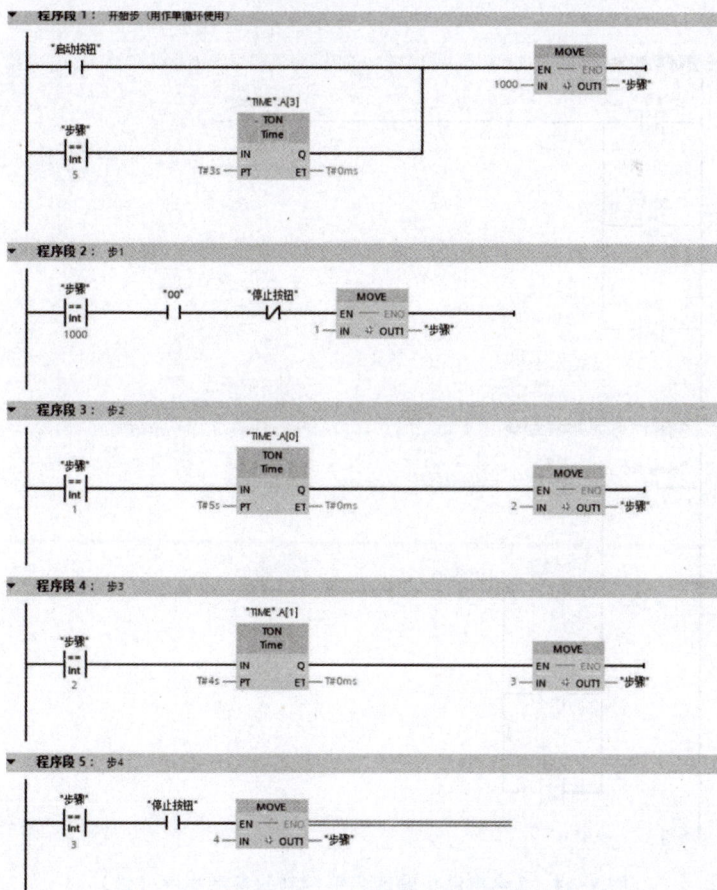

图 8-11　3 台电动机顺序启停控制的参考程序

程序段6： 步5

程序段7： 电动机A控制

程序段8： 电动机B控制

程序段9： 电动机C控制 指示灯控制

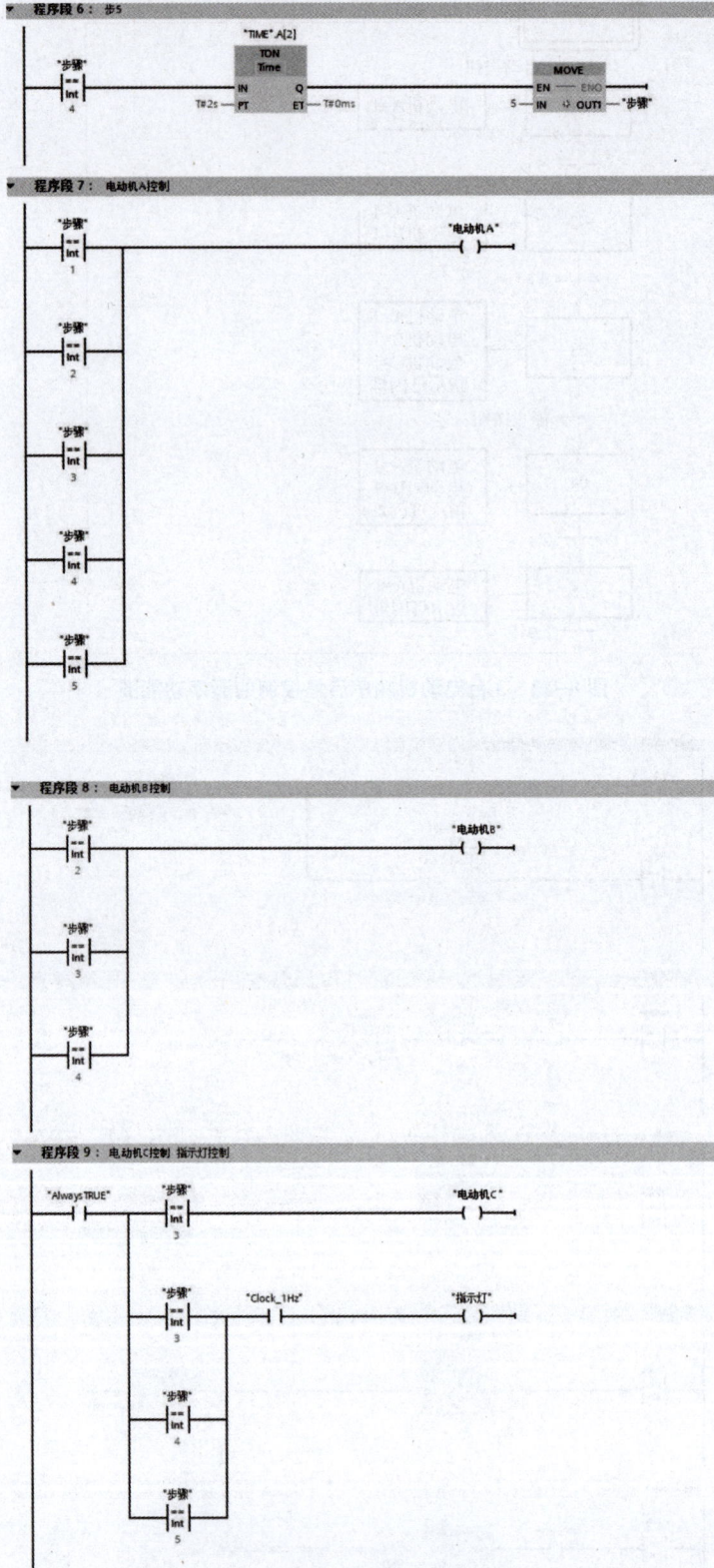

图8-11　3台电动机顺序启停控制的参考程序（续）

实训项目九 带料斗的钻床控制系统

【学习目标】

（1）正确绘制顺序功能图。

（2）正确使用顺序控制编程法的单列结构。

（3）正确使用顺序控制编程法的条件循环结构。

（4）精通顺序功能图与程序的转换步骤。

（5）正确使用顺序控制编程法的手动与自动配合动作。

【建议学时】

8 学时。

【情景描述】

本项目讲述带料斗的钻床的工作过程。该钻床由料斗、送料电动机、推料电动机和钻孔电动机等组成。送料电动机负责将工件从料斗中推出，使其落到钻床上，再由推料电动机将其推送到指定位置，进行钻孔。完成后，推料电动机将钻好的工件推到成品箱。带料斗的钻床控制系统模拟示意图如图 9-1 所示。

控制要求如下：

1. 手动操作

（1）单击"手动"按钮，切换到手动状态，单击"送料电动机推出手动"按钮。

（2）单击"送料电动机缩回手动"按钮，送料电动机缩回。

（3）单击"推料电动机推出手动"按钮，推料电动机推出。

（4）单击"推料电动机缩回手动"按钮，推料电动机缩回。

（5）单击"钻孔电动机下降手动"按钮，钻孔电动机下降。

（6）单击"钻孔电动机上升手动"按钮，钻孔电动机上升。

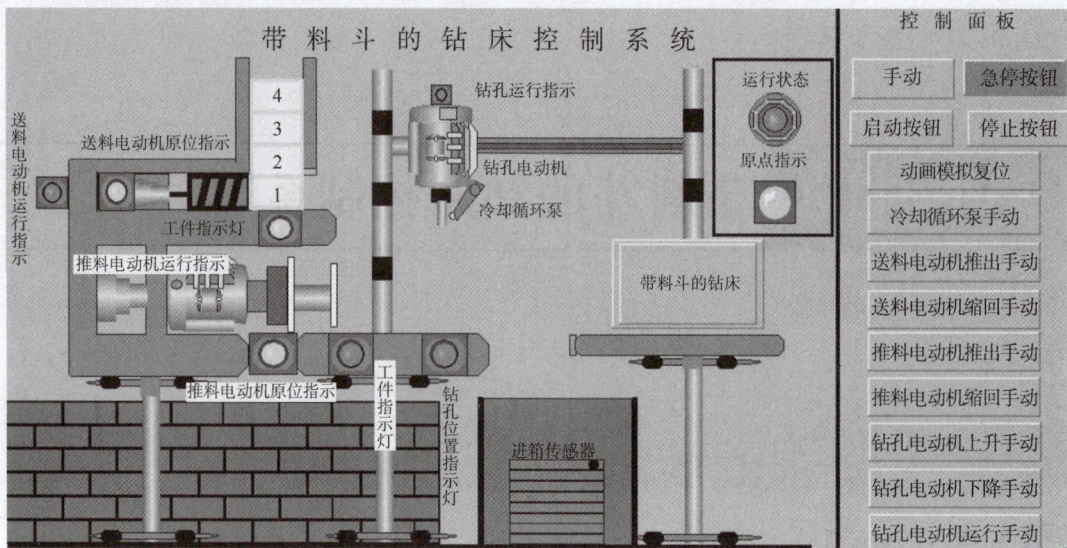

图9-1 带料斗的钻床控制系统模拟示意图

（7）单击"钻孔电动机运行手动"按钮，钻孔电动机旋转。

（8）单击"冷却循环泵手动"按钮，喷嘴喷出冷却液。

2. 自动控制

（1）再次单击"手动"按钮，切换到自动状态。

（2）所有动作归位视为原点，只有在原点时，单击"启动按钮"才允许进入以下步骤。

（3）料仓中有工件时，送料电动机将工件推出料斗，工件自动落到钻床上，同时送料电动机复位，料斗中的工件自动下落。

（4）钻床上的工件检测传感器检测到工件后，推料电动机将工件向右推。

（5）当工件被推至钻孔位置传感器时，推料电动机停止，钻孔电动机开始旋转，冷却循环泵启动，钻孔电动机下降，下降到位后开始上升，上升到位后钻孔完成，冷却循环泵关闭。

（6）推料电动机继续将工件往右推送，直至工件能够自动落入成品箱后，推料电动机缩回。

（7）送料电动机将第二个工件推到钻床上，重复上述步骤。

（8）在任何情况下都可以停止设备，单击"急停按钮"，设备动作全部停止。

【项目实施】

一、信息收集

通过专业书籍、网络、标准与规范或资料页等信息源获取以下信息和知识，并将内容补充完整。

（1）分析图9-2所示的程序，在"启动按钮=1，停止按钮=0""启动按钮=0，停止按钮=1"或"启动按钮=1，停止按钮=1"时，分析程序的输出变化。

9

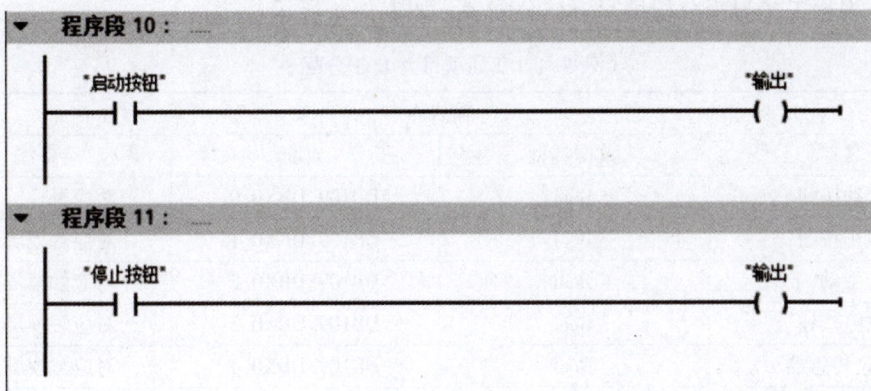

图9-2　程序

（2）工艺流程分析。

（3）根据工艺流程分析填写 I/O 分配表，如表 9-1 所示。

表 9-1　实训项目九 I/O 分配表

输入点			
名称	数据类型	地址	备注
启动按钮	Bool	DB109. DBX0. 0	对应触摸屏变量
停止按钮	Bool	DB109. DBX0. 1	对应触摸屏变量
手动	Bool	DB109. DBX0. 2	对应触摸屏变量
急停按钮	Bool	DB109. DBX0. 3	对应触摸屏变量
料仓传感器	Bool	DB109. DBX0. 4	对应触摸屏变量
送料电动机原位	Bool	DB109. DBX0. 5	对应触摸屏变量
送料电动机到位	Bool	DB109. DBX0. 6	对应触摸屏变量
钻床工件位置传感器	Bool	DB109. DBX0. 7	对应触摸屏变量
钻孔位置传感器	Bool	DB109. DBX1. 0	对应触摸屏变量
工件进箱传感器	Bool	DB109. DBX1. 1	对应触摸屏变量
推料电动机原位	Bool	DB109. DBX1. 2	对应触摸屏变量
钻孔电动机上位	Bool	DB109. DBX1. 3	对应触摸屏变量
钻孔电动机下位	Bool	DB109. DBX1. 4	对应触摸屏变量
送料电动机推出手动	Bool	DB109. DBX1. 5	对应触摸屏变量
送料电动机缩回手动	Bool	DB109. DBX1. 6	对应触摸屏变量
推料电动机推出手动	Bool	DB109. DBX1. 7	对应触摸屏变量
推料电动机缩回手动	Bool	DB109. DBX2. 0	对应触摸屏变量
钻孔电动机下降手动	Bool	DB109. DBX2. 1	对应触摸屏变量
钻孔电动机上升手动	Bool	DB109. DBX2. 2	对应触摸屏变量
钻孔电动机运行手动	Bool	DB109. DBX2. 3	对应触摸屏变量
冷却循环泵手动	Bool	DB109. DBX2. 4	对应触摸屏变量
输出点			
名称	数据类型	地址	备注
送料电动机推出	Bool	DB109. DBX4. 0	对应触摸屏变量
送料电动机缩回	Bool	DB109. DBX4. 1	对应触摸屏变量
推料电动机推出	Bool	DB109. DBX4. 2	对应触摸屏变量
推料电动机缩回	Bool	DB109. DBX4. 3	对应触摸屏变量
钻孔电动机下降	Bool	DB109. DBX4. 4	对应触摸屏变量
钻孔电动机上升	Bool	DB109. DBX4. 5	对应触摸屏变量
钻孔电动机运行	Bool	DB109. DBX4. 6	对应触摸屏变量
冷却循环泵	Bool	DB109. DBX4. 7	对应触摸屏变量
原点指示	Bool	DB109. DBX5. 0	对应触摸屏变量
启动运行状态	Bool	DB109. DBX5. 1	对应触摸屏变量

二、制订计划

制订计划并填写表 9-2 所示的计划表。

表 9-2 计划表

学习情境		小组名称		日期	
学习任务		小组成员			

为了准备实践工作任务，必须制订必要的工作步骤计划，且工作步骤顺序要有意义。请将工作步骤计划写在下面

序号	工作步骤（关键词语或简短语句即可）

三、做出决策

做出决策并填写表9-3所示的决策表。

表9-3 决策表

学习情境		小组名称		日期	
学习任务		小组成员			

计划（方案）	比较项目				确定计划（方案）
	合理性	可操作性	实施难度	实施时间	
1	□优 □中 □差	□易 □中 □难	□易 □中 □难	□短 □中 □长	
2	□优 □中 □差	□易 □中 □难	□易 □中 □难	□短 □中 □长	
3	□优 □中 □差	□易 □中 □难	□易 □中 □难	□短 □中 □长	

计划（方案）简要说明：

组长		教师	

四、实施任务

1. 绘制顺序功能图。

根据个人思路绘制顺序功能图。

2. 设备检查

实训项目九设备检查表如表 9-4 所示。

表 9-4　实训项目九设备检查表

检查表				
序号	检查工作	检测点	检测结果	备注
1	电源电压	Q_1 断路器	220 V	
2	24 V 控制电压	Q_2 断路器	24 V	
3	计算机与 PLC 通信是否成功	—	□是/□否	
4	触摸屏与 PLC 通信是否成功	—	□是/□否	
5	触摸屏与 PLC 点位对应是否正确	—	□是/□否	

3. 编写程序

根据顺序功能图编写程序，编写程序时使用决策中确定的方案。

在以下空白处填写程序架构搭建方式、编程思路、程序主体与程序编写中所遇到的问题等。

4. 程序调试

下载程序，进行调试，列出调试过程中出现的问题。

5. 功能测试

实训项目九功能测试表如表 9–5 所示。

表 9–5　实训项目九功能测试表

功能测试表				
序号	检查工作	自评	教师	备注
1	单击"手动"按钮切换到手动状态，单击"送料电动机推出手动"按钮； 单击"送料电动机缩回手动"按钮，送料电动机缩回； 单击"推料电动机推出手动"按钮，推料电动机推出； 单击"推料电动机缩回手动"按钮，推料电动机缩回； 单击"钻孔电动机下降手动"按钮，钻孔电动机下降； 单击"钻孔电动机上升手动"按钮，钻孔电动机上升； 单击"钻孔电动机运行手动"按钮，钻孔电动机旋转； 单击"冷却循环泵手动"按钮，喷嘴喷出冷却液	□是/□否	□是/□否	
2	再次单击"手动"按钮，切换到自动状态，所有动作归位，查看是否有原位指示	□是/□否	□是/□否	
3	单击"启动按钮"，料仓中有工件时，送料电动机将工件推出料斗，工件自动落到钻床上，同时送料电动机复位，料斗中的工件自动下落	□是/□否	□是/□否	
4	钻床上的工件检测传感器检测到工件后，推料电动机将工件向右推	□是/□否	□是/□否	
5	当工件被推至钻孔位置传感器时，推料电动机停止，钻孔电动机开始旋转，冷却循环泵启动，钻孔电动机下降，下降到位后开始上升，上升到位后钻孔完成，冷却循环泵关闭	□是/□否	□是/□否	
6	推料电动机继续将工件往右推送，直至工件能够自动落入成品箱后推料电动机缩回	□是/□否	□是/□否	
7	第二个工件与第一个工件流程相同，查看流程是否正确	□是/□否	□是/□否	
8	在任何情况下都可以停止设备，单击"急停按钮"，设备动作全部停止	□是/□否	□是/□否	

实训项目九　带料斗的钻床控制系统

五、检测评估

实训项目九自评互评表如表9-6所示。

表9-6　实训项目九自评互评表

自评互评表						
学习情境			学时			
学习任务			组长			
成员						
评价项目		评定标准	自评	互评	团队	教师
专业能力（49分）	安全操作	无违章操作，未发生安全事故 □优（0）　□中（-10）　□差（-20）				
	工作计划	计划合理、可操作性强 □优（7）　□中（4）　□差（2）				
	I/O地址分配表	准确、无误 □优（6）　□中（4）　□差（2）				
	功能描述及顺序流程图	描述清楚，顺序流程符合控制工艺要求 □优（8）　□中（5）　□差（2）				
	程序编制	程序运行可靠、无缺陷，能够实现预期的控制功能 □优（10）　□中（5）　□差（2）				
	程序调试	调试方法正确，工具仪器使用得当 □优（8）　□中（5）　□差（2）				
	功能实现	符合设计要求和工艺标准 □优（10）　□中（5）　□差（3）				
方法能力（30分）	独立学习的能力	在教师的指导下，借助学习资料，能够独立学习新知识和新技能，完成工作任务 □优（8）　□中（5）　□差（2）				
	分析并解决问题的能力	在教师的指导下，独立解决工作中出现的各种问题，顺利完成工作任务 □优（8）　□中（5）　□差（2）				
	获取信息能力	通过网络、专业书籍、技术手册等获取信息，整理资料，获取所需知识 □优（7）　□中（4）　□差（2）				
	整体工作能力	根据工作任务，制订、实施工作计划，进行工作过程和产品质量的控制与管理 □优（7）　□中（4）　□差（2）				

评价项目		评定标准	自评	互评	团队	教师
社会能力（21分）	团队协作和沟通能力	工作过程中，团队成员之间相互沟通与协商，具备良好的群体意识，通力合作，圆满完成工作任务 □优（7）　□中（5）　□差（3）				
	工作任务的组织管理能力	能完成工作过程组织与管理，与相关人员协作，注意劳动安全 □优（7）　□中（5）　□差（3）				
	工作责任心与职业道德	具备良好的工作责任心、社会责任心、群体意识和职业道德 □优（7）　□中（4）　□差（2）				
小计						
总分（自评×15%+互评×15%+团队×30%+教师×40%）						

评语：

学生		教师		日期	

六、项目交付

实训项目九交付单如表9-7所示。

表9-7　实训项目九交付单

项目交付单			
项目名称		学生	
工作时间		完成时间	
工作地点		检验教师	
编程思路与体会			
程序缺陷与改进分析			
程序缺陷		改进分析	
项目评价			

实训项目十 混装线控制系统

【学习目标】

（1）正确使用顺序控制编程法的选择分支结构。
（2）精通绘制顺序功能图的方法与技巧。
（3）精通顺序功能图与程序的转换步骤。
（4）精通顺序控制编程法的手动与自动配合动作。

【建议学时】

8 学时。

【情景描述】

混装线控制系统模拟示意图如图 10-1 所示。

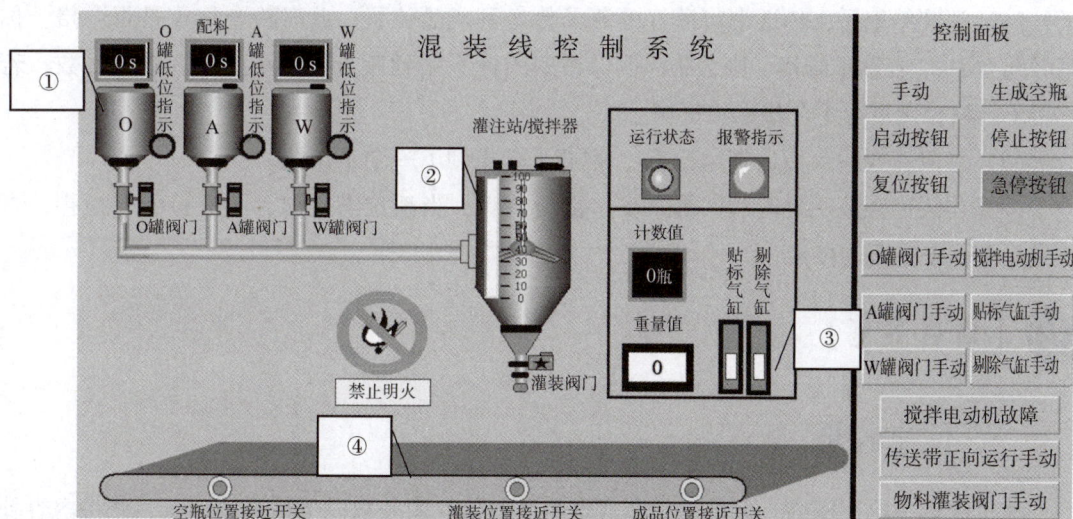

图 10-1　混装线控制系统模拟示意图

① 配料的容器：O 罐，A 罐，W 罐。

② 灌注站：配备了用于混合配料的搅拌器。

③ 贴标/剔除气缸：用于为果汁瓶贴标签并打印相应的到期日期。

④ 传送带：用于传送瓶子。

混装线控制系统的控制要求如下。

1. 手动操作

（1）单击"手动"按钮，切换到手动状态。

（2）单击"O罐阀门手动"按钮，O罐阀门打开。

（3）单击"A罐阀门手动"按钮，A罐阀门打开。

（4）单击"W罐阀门手动"按钮，W罐阀门打开。

（5）单击"物料灌装阀门手动"按钮，物料灌装阀门打开。

（6）单击"传送带正向运行手动"按钮，传送带正向运行。

（7）单击"搅拌电动机手动"按钮，搅拌电动机旋转。

（8）单击"贴标气缸手动"按钮，贴标气缸工作。

（9）单击"剔除气缸手动"按钮，剔除气缸工作。

2. 自动操作

（1）再次单击"手动"按钮，切换到自动状态，检测灌瓶数目的计数器被复位。

（2）根据简单配方设定，定义O罐、A罐、W罐灌装持续时间。灌装持续时间的不同，各种配料的罐打开阀门时间不同。

（3）配料完成后，搅拌电动机运行15 s。

（4）搅拌完成后，控制传送带运行并将瓶子传送到灌装站。

（5）到达灌装位置后，打开灌装阀门，在灌装期间，对于所有情况，阀门都会打开4 s进行装瓶。

（6）灌装结束后，传送带将灌好的瓶子传送到成品位置，此时检查称重是否合格，称重时间为3 s。若称重合格，则会将注明保质期的标签贴到瓶身上，在此位置进行计数；若称重不合格，则进行不合格剔除操作。

（7）检测完成后，传送带运行5 s，把瓶子送出到下一个工作站。

（8）当罐内液位不足时跳回第一步，重新配料；当液位满足时，不进行配料搅拌，直接进行下一个空瓶的传送。

【项目实施】

一、信息收集

通过专业书籍、网络、标准与规范或资料页等信息源获取以下信息和知识，并将内容补充完整。

（1）分析图10-2所示的顺序功能图，写出转换后的程序。

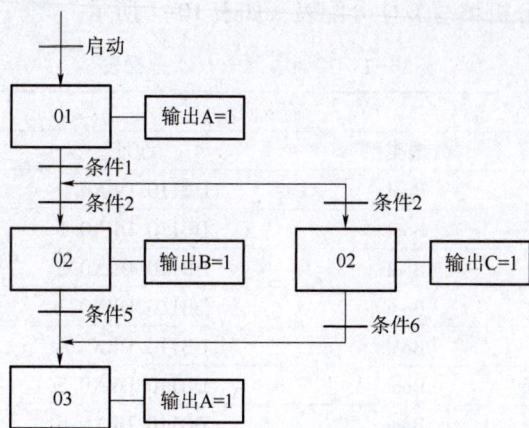

图 10-2　顺序功能图

（2）工艺流程分析。

（3）根据工艺流程分析填写 I/O 分配表，如表 10-1 所示。

表 10-1 实训项目十 I/O 分配表

输入点			
名称	数据类型	地址	备注
启动按钮	Bool	DB110. DBX0. 0	对应触摸屏变量
停止按钮	Bool	DB110. DBX0. 1	对应触摸屏变量
手动	Bool	DB110. DBX0. 2	对应触摸屏变量
复位按钮	Bool	DB110. DBX0. 3	对应触摸屏变量
急停按钮	Bool	DB110. DBX0. 4	对应触摸屏变量
O 罐低位	Bool	DB110. DBX0. 5	对应触摸屏变量
A 罐低位	Bool	DB110. DBX0. 6	对应触摸屏变量
W 罐低位	Bool	DB110. DBX0. 7	对应触摸屏变量
空瓶位置接近开关	Bool	DB110. DBX1. 0	对应触摸屏变量
灌装位置接近开关	Bool	DB110. DBX1. 1	对应触摸屏变量
成品位置接近开关	Bool	DB110. DBX1. 2	对应触摸屏变量
搅拌电动机故障	Bool	DB110. DBX1. 3	对应触摸屏变量
O 罐阀门手动	Bool	DB110. DBX1. 4	对应触摸屏变量
A 罐阀门手动	Bool	DB110. DBX1. 5	对应触摸屏变量
W 罐阀门手动	Bool	DB110. DBX1. 6	对应触摸屏变量
物料灌装阀门手动	Bool	DB110. DBX1. 7	对应触摸屏变量
传送带正向运行手动	Bool	DB110. DBX2. 0	对应触摸屏变量
搅拌电动机手动	Bool	DB110. DBX2. 1	对应触摸屏变量
贴标气缸手动	Bool	DB110. DBX2. 2	对应触摸屏变量
剔除气缸手动	Bool	DB110. DBX2. 3	对应触摸屏变量
O 罐配方时间	DInt	DB110. DBD4	对应触摸屏变量
A 罐配方时间	DInt	DB110. DBD8	对应触摸屏变量
W 罐配方时间	DInt	DB110. DBD12	对应触摸屏变量
成品称重传感器	Real	DB110. DBD16	对应触摸屏变量
灌装罐液位传感器	Real	DB110. DBD20	对应触摸屏变量
计数值	Int	DB110. DBD24	对应触摸屏变量
输出点			
名称	数据类型	地址	备注
生产线运行状态	Bool	DB110. DBX26. 0	对应触摸屏变量
报警灯	Bool	DB110. DBX26. 1	对应触摸屏变量
O 罐阀门	Bool	DB110. DBX26. 2	对应触摸屏变量
A 罐阀门	Bool	DB110. DBX26. 3	对应触摸屏变量
W 罐阀门	Bool	DB110. DBX26. 4	对应触摸屏变量
物料灌装阀门	Bool	DB110. DBX26. 5	对应触摸屏变量
传送带正向运行	Bool	DB110. DBX26. 6	对应触摸屏变量
搅拌电动机	Bool	DB110. DBX26. 7	对应触摸屏变量
贴标气缸	Bool	DB110. DBX27. 0	对应触摸屏变量
剔除气缸	Bool	DB110. DBX27. 1	对应触摸屏变量

二、制订计划

制订计划并填写表 10-2 所示的计划表。

表 10-2 计划表

学习情境		小组名称		日期	
学习任务		小组成员			

为了准备实践工作任务，必须制订必要的工作步骤计划，且工作步骤顺序要有意义。请将工作步骤计划写在下面

序号	工作步骤（关键词语或简短语句即可）

3. 编写程序

根据顺序功能图编写程序，编写程序时使用决策中确定的方案。

在以下空白处填写程序架构搭建方式、编程思路、程序主体与程序编写中所遇到的问题等。

4. 程序调试

下载程序，进行调试，列出调试过程中出现的问题。

5. 功能测试

实训项目十功能测试表如表 10-5 所示。

表 10-5　实训项目十功能测试表

功能测试表				
序号	检查工作	自评	教师	备注
1	单击"手动"按钮，切换到手动状态，单击"O 罐阀门手动"按钮，O 罐阀门打开； 单击"A 罐阀门手动"按钮，A 罐阀门打开； 单击"W 罐阀门手动"按钮，W 罐阀门打开； 单击"物料灌装阀门手动"按钮，物料灌装阀门打开； 单击"传送带正向运行手动"按钮，传送带正向运行； 单击"搅拌电动机手动"按钮，搅拌电动机旋转； 单击"贴标气缸手动"按钮，贴标气缸工作； 单击"剔除气缸手动"按钮，剔除气缸工作	□是/□否	□是/□否	
2	再次单击"手动"按钮，切换到自动状态，检测灌瓶数目的计数器被复位	□是/□否	□是/□否	
3	定义 O 罐、A 罐、W 罐灌装持续时间，3 个罐根据定义时间进行配方	□是/□否	□是/□否	
4	配料完成后，搅拌电动机运行 15 s	□是/□否	□是/□否	
5	搅拌完成后，控制传送带运行并将瓶子传送到灌装站	□是/□否	□是/□否	
6	到达灌装位置后，打开灌装阀门，在灌装期间，对于所有情况，阀门都会打开 4 s 进行装瓶	□是/□否	□是/□否	
7	灌装结束后，传送带将灌好的瓶子传送到成品位置，此时检查称重是否合格，称重时间为 3 s。若称重合格，则会将注明保质期的标签贴到瓶身上，在此位置进行计数；若称重不合格，则进行不合格剔除操作	□是/□否	□是/□否	
8	检测完成后，传送带运行 5 s，把瓶子送出到下一个工作站	□是/□否	□是/□否	
9	当罐内液位不足时跳回第一步，重新配料；当液位满足时，不进行配料搅拌，直接进行下一个空瓶的传送	□是/□否	□是/□否	

五、检测评估

实训项目十自评互评表如表10-6所示。

表10-6 实训项目十自评互评表

自评互评表							
学习情境				学时			
学习任务				组长			
成员							
评价项目		评定标准		自评	互评	团队	教师
专业能力（49分）	安全操作	无违章操作，未发生安全事故 □优（0） □中（-10） □差（-20）					
	工作计划	计划合理、可操作性强 □优（7） □中（4） □差（2）					
	I/O地址分配表	准确、无误 □优（6） □中（4） □差（2）					
	功能描述及顺序流程图	描述清楚，顺序流程符合控制工艺要求 □优（8） □中（5） □差（2）					
	程序编制	程序运行可靠、无缺陷，能够实现预期的控制功能 □优（10） □中（5） □差（2）					
	程序调试	调试方法正确，工具仪器使用得当 □优（8） □中（5） □差（2）					
	功能实现	符合设计要求和工艺标准 □优（10） □中（5） □差（3）					
方法能力（30分）	独立学习的能力	在教师的指导下，借助学习资料，能够独立学习新知识和新技能，完成工作任务 □优（8） □中（5） □差（2）					
	分析并解决问题的能力	在教师的指导下，独立解决工作中出现的各种问题，顺利完成工作任务 □优（8） □中（5） □差（2）					
	获取信息能力	通过网络、专业书籍、技术手册等获取信息，整理资料，获取所需知识 □优（7） □中（4） □差（2）					
	整体工作能力	根据工作任务，制订、实施工作计划，进行工作过程和产品质量的控制与管理 □优（7） □中（4） □差（2）					

评价项目		评定标准	自评	互评	团队	教师
社会能力(21分)	团队协作和沟通能力	工作过程中，团队成员之间相互沟通与协商，具备良好的群体意识，通力合作，圆满完成工作任务 □优（7）　□中（5）　□差（3）				
	工作任务的组织管理能力	能完成工作过程组织与管理，与相关人员协作，注意劳动安全 □优（7）　□中（5）　□差（3）				
	工作责任心与职业道德	具备良好的工作责任心、社会责任心、群体意识和职业道德 □优（7）　□中（4）　□差（2）				
小计						
总分（自评×15%+互评×15%+团队×30%+教师×40%）						

评语：

学生		教师		日期	

六、项目交付

实训项目十交付单如表 10-7 所示。

表 10-7　实训项目十交付单

项目交付单			
项目名称		学生	
工作时间		完成时间	
工作地点		检验教师	
编程思路与体会			
程序缺陷与改进分析			
程序缺陷		改进分析	
项目评价			

实训项目十一　水箱进排水控制系统

【学习目标】

（1）正确使用全局 DB。
（2）正确使用 FC 接口。
（3）能够理解 FC 的自主制作流程。

【建议学时】

6 学时。

【情景描述】

水箱进排水控制系统模拟示意图如图 11-1 所示。

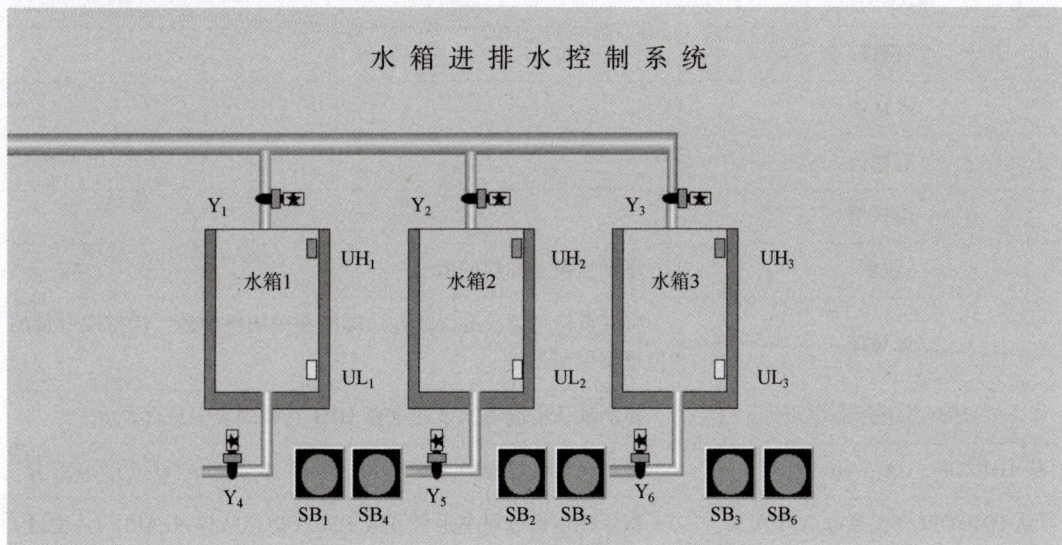

图 11-1　水箱进排水控制系统模拟示意图

水箱进排水控制系统的控制要求如下。

工业现场现在有 3 个水箱。

（1）每个水箱有 2 个液位传感器，UH_1、UH_2、UH_3 为高液位传感器，UL_1、UL_2、UL_3

为低液位传感器。

（2）Y_1、Y_2、Y_3分别为3个水箱的进水电磁阀。

（3）Y_4、Y_5、Y_6分别为3个水箱的放水电磁阀。

（4）SB_1、SB_2、SB_3分别为3个水箱的进水电磁阀手动开启按钮。

（5）SB_4、SB_5、SB_6分别为3个水箱的放水电磁阀手动开启按钮。

（6）单击放水按钮SB_4、SB_5、SB_6，水箱开始放水。但是一旦水位低于低液位，则放水操作无效，此时即使单击放水按钮也不会放水。

（7）单击进水按钮SB_1、SB_2、SB_3，水箱开始进水。但是一旦水位接近高液位，则进水操作无效，此时即使单击进水按钮也不会进水。

【项目实施】

一、信息收集

通过专业书籍、网络、标准与规范或资料页等信息源获取以下信息和知识，并将内容补充完整。

（1）查询资料页或帮助，填写表11-1所示的空白处。

表11-1　DB的说明

	单击按钮以移动或复制变量。例如，可以将变量拖动到程序中作为操作数
名称	
数据类型	
偏移	
默认值	
起始值	
监视值	
快照	显示从设备加载的值
保持性	将变量标记为具有保持性。即使在关闭电源后，保持性变量的值也将保留不变
在 HMI 工程组态中可见	显示默认情况下，该变量在 HMI 选择列表中是否显示
从 HMI/OPC UA/Web API 可访问	指示在运行过程中 HMI/OPC UA/Web API 是否可访问该变量
从 HMI/OPC UA/Web API 可写	指示在运行过程中是否可从 HMI/OPC UA/Web API 写入变量
设定值	设定值是指在调试过程中可能需要进行微调的值。经过调试之后，这些变量的值可作为起始值传输到离线程序中并进行保存
监控	
注释	

（2）查询资料页或帮助，说明 FC 中各名称的作用，图 11-2 所示为 FC 中的各名称。

		名称	数据类型	默认值	注释
1		▼ Input			
2	■	<新增>			
3		▼ Output			
4	■	<新增>			
5		▼ InOut			
6	■	<新增>			
7		▼ Temp			
8	■	<新增>			
9		▼ Constant			
10	■	<新增>			
11		▼ Return			
12	■	块_3	Void		

图 11-2　FC 中的各名称

Input：

Output：

InOut：

Temp：

Constant：

（3）工艺流程分析。

（4）根据工艺流程分析填写 I/O 分配表，如表 11-2 所示。

表 11-2　实训项目十一 I/O 分配表

输入点			
名称	数据类型	地址	备注
SB_1	Bool	DB111. DBX0. 0	对应触摸屏变量
SB_2	Bool	DB111. DBX0. 1	对应触摸屏变量
SB_3	Bool	DB111. DBX0. 2	对应触摸屏变量
SB_4	Bool	DB111. DBX0. 3	对应触摸屏变量
SB_5	Bool	DB111. DBX0. 4	对应触摸屏变量
SB_6	Bool	DB111. DBX0. 5	对应触摸屏变量
UH_1	Bool	DB111. DBX0. 6	对应触摸屏变量
UH_2	Bool	DB111. DBX0. 7	对应触摸屏变量
UH_3	Bool	DB111. DBX1. 0	对应触摸屏变量
UL_1	Bool	DB111. DBX1. 1	对应触摸屏变量
UL_2	Bool	DB111. DBX1. 2	对应触摸屏变量
UL_3	Bool	DB111. DBX1. 3	对应触摸屏变量
输出点			
名称	数据类型	地址	备注
Y_1	Bool	DB111. DBX2. 0	对应触摸屏变量
Y_2	Bool	DB111. DBX2. 1	对应触摸屏变量
Y_3	Bool	DB111. DBX2. 2	对应触摸屏变量
Y_4	Bool	DB111. DBX2. 3	对应触摸屏变量
Y_5	Bool	DB111. DBX2. 4	对应触摸屏变量
Y_6	Bool	DB111. DBX2. 5	对应触摸屏变量

实训项目十一　水箱进排水控制系统

二、制订计划

制订计划并填写表 11-3 所示的计划表。

表 11-3　计划表

学习情境		小组名称		日期	
学习任务		小组成员			

为了准备实践工作任务，必须制订必要的工作步骤计划，且工作步骤顺序要有意义。请将工作步骤计划写在下面

序号	工作步骤（关键词语或简短语句即可）

三、做出决策

做出决策并填写表 11-4 所示的决策表。

表 11-4　决策表

学习情境		小组名称		日期	
学习任务		小组成员			

计划（方案）	比较项目				确定计划（方案）
	合理性	可操作性	实施难度	实施时间	
1	□优 □中 □差	□易 □中 □难	□易 □中 □难	□短 □中 □长	
2	□优 □中 □差	□易 □中 □难	□易 □中 □难	□短 □中 □长	
3	□优 □中 □差	□易 □中 □难	□易 □中 □难	□短 □中 □长	

计划（方案）简要说明：

组长			教师	

实训项目十一　水箱进排水控制系统

四、实施任务

1. 画/写出程序架构

可以根据自己的理解画出图形，图形的形式可以多种多样。

2. 设备检查

实训项目十一设备检查表如表 11-5 所示。

表 11-5　实训项目十一设备检查表

检查表				
序号	检查工作	检测点	检测结果	备注
1	电源电压	Q_1 断路器	220 V	
2	24 V 控制电压	Q_2 断路器	24 V	
3	计算机与 PLC 通信是否成功	—	□是/□否	
4	触摸屏与 PLC 通信是否成功	—	□是/□否	
5	触摸屏与 PLC 点位对应是否正确	—	□是/□否	

3. 编写程序

根据顺序功能图编写程序，编写程序时使用决策中确定的方案。

在以下空白处填写程序架构搭建方式、编程思路、程序主体与程序编写中所遇到的问题等。

4. 程序调试

下载程序，进行调试，列出调试过程中出现的问题。

5. 功能测试

实训项目十一功能测试表如表 11-6 所示。

表 11-6　实训项目十一功能测试表

功能测试表				
序号	检查工作	自评	教师	备注
1	单击放水按钮 SB_4，水箱 1 开始放水。但是一旦水位低于低液位，则放水操作无效，此时即使单击放水按钮也不会放水	□是/□否	□是/□否	
2	单击进水按钮 SB_1，水箱 1 开始进水。但是一旦水位接近高液位，则进水操作无效，此时即使单击进水按钮也不会进水	□是/□否	□是/□否	
3	单击放水按钮 SB_5，水箱 2 开始放水。但是一旦水位低于低液位，则放水操作无效，此时即使单击放水按钮也不会放水	□是/□否	□是/□否	
4	单击进水按钮 SB_2，水箱 2 开始进水。但是一旦水位接近高液位，则进水操作无效，此时即使单击进水按钮也不会进水	□是/□否	□是/□否	
5	单击放水按钮 SB_6，水箱 3 开始放水。但是一旦水位低于低液位，则放水操作无效，此时即使单击放水按钮也不会放水	□是/□否	□是/□否	
6	单击进水按钮 SB_3，水箱 3 开始进水。但是一旦水位接近高液位，则进水操作无效，此时即使单击进水按钮也不会进水	□是/□否	□是/□否	

五、检测评估

实训项目十一自评互评表如表 11-7 所示。

表 11-7　实训项目十一自评互评表

自评互评表						
学习情境			学时			
学习任务			组长			
成员						
评价项目		评定标准	自评	互评	团队	教师
专业能力（49分）	安全操作	无违章操作，未发生安全事故 □优（0）　□中（-10）　□差（-20）				
	工作计划	计划合理、可操作性强 □优（7）　□中（4）　□差（2）				
	I/O 地址分配表	准确、无误 □优（6）　□中（4）　□差（2）				
	功能描述及程序架构图	描述清楚，程序架构符合控制工艺要求 □优（8）　□中（5）　□差（2）				
	程序编制	程序运行可靠、无缺陷，能够实现预期的控制功能 □优（10）　□中（5）　□差（2）				

评价项目		评定标准	自评	互评	团队	教师
专业能力（49分）	程序调试	调试方法正确，工具仪器使用得当 □优（8）　□中（5）　□差（2）				
	功能实现	符合设计要求和工艺标准 □优（10）　□中（5）　□差（3）				
方法能力（30分）	独立学习的能力	在教师的指导下，借助学习资料，能够独立学习新知识和新技能，完成工作任务 □优（8）　□中（5）　□差（2）				
	分析并解决问题的能力	在教师的指导下，独立解决工作中出现的各种问题，顺利完成工作任务 □优（8）　□中（5）　□差（2）				
	获取信息能力	通过网络、专业书籍、技术手册等获取信息，整理资料，获取所需知识 □优（7）　□中（4）　□差（2）				
	整体工作能力	根据工作任务，制订、实施工作计划，进行工作过程和产品质量的控制与管理 □优（7）　□中（4）　□差（2）				
社会能力（21分）	团队协作和沟通能力	工作过程中，团队成员之间相互沟通与协商，具备良好的群体意识，通力合作，圆满完成工作任务 □优（7）　□中（5）　□差（3）				
	工作任务的组织管理能力	能完成工作过程组织与管理，与相关人员协作，注意劳动安全 □优（7）　□中（5）　□差（3）				
	工作责任心与职业道德	具备良好的工作责任心、社会责任心、群体意识和职业道德 □优（7）　□中（4）　□差（2）				
小计						
总分（自评×15%＋互评×15%＋团队×30%＋教师×40%）						

评语：

学生		教师		日期	

六、项目交付

实训项目十一交付单如表 11-8 所示。

表 11-8　实训项目十一交付单

项目交付单			
项目名称		学生	
工作时间		完成时间	
工作地点		检验教师	
编程思路与体会			
程序缺陷与改进分析			
程序缺陷		改进分析	
项目评价			

11

资料页

（一）程序结构

用户程序中包含不同的程序块，各程序块实现的功能不同。在 S7-1200 中支持的程序块类型与 S7-300/400 一致，而允许每种类型程序块的数量及 每个程序块最大的容量与 CPU 的参数有关。用户程序是为了完成特定的控制任务由用户编写的程序。用户程序通常包括 OB、FB、FC 和 DB 几种。用户程序的组成图如图 11-3 所示。

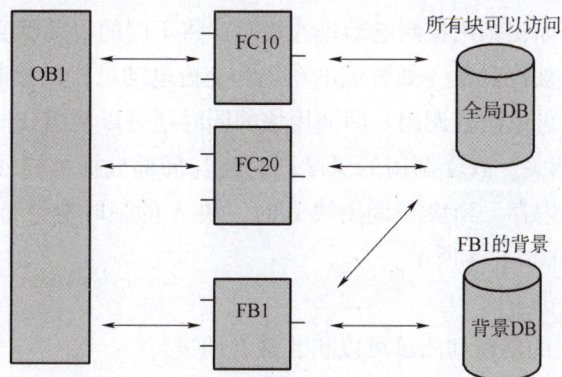

图 11-3　用户程序的组成图

用户程序由上面不同的块组成，用户程序的结构与采用的编程方法有关，TIA Portal 的编程方法大致分为 3 种：线性化编程、模块化编程和结构化编程。

1. 线性化编程

线性化编程是将整个系统的控制程序放在主循环控制 OB1（主程序）中，CPU 每一次循环扫描都要不断地顺序执行 OB1 中的全部指令。这种编程方法的程序结构简单，不涉及 FC、FB、DB、局部变量和中断等比较复杂的概念。

由于所有的指令都集中在一个块中，即使程序中的某些部分在大多数时候不需要执行，CPU 的每个扫描周期也都需要执行所有指令，因此 CPU 的执行效率比较低。此外，如果需要多次执行相同或相似的程序，就需要重复编写程序。因此，这种编程方法一般只在编写简单的控制系统程序时使用。

2. 模块化编程

模块化编程就是将程序根据功能分为不同的逻辑块，每个逻辑块完成不同的功能。在 OB1 中可以根据条件调用不同的 FC 或者 FB。其特点是易于分工合作，调试方便。因为逻辑块有调用条件，所以提高了 CPU 的效率。

3. 结构化编程

结构化编程对应典型的控制要求，将过程要求中的类似或相关的任务归类，在 FC 或 FB 中编写通用的程序块，这些程序块可以反复被调用，以控制不同的目标，形成通用的解决方案。这些通用的程序块就称为结构，利用各种结构组成的程序就称为结构化编程。可以通过不同的参数调用相同的 FC，或通过不同的背景 DB 调用相同的 FB。结构化编程过程中通用的数据和代码可以共享，其特点是，编写通用程序块，对不同的控制任务代入不同的地址和数据，使更多的控制任务可以使用此通用程序块，因此具有很高的编程调试效率，并且其编程结构清晰，适合复杂的控制任务。

在块调用时，调用者可以是各种逻辑块，包括用户编写的 OB、FB、FC 和系统提供的系统功能块（SFB）和系统功能（SFC），被调用的块是除 OB1 外的所有逻辑块。调用 FB 时需要为其指定一个背景 DB，背景 DB 在 FB 调用的同时被打开，在调用结束时被关闭。

在给 FB 编程时使用的是形参，调用它时需要使用实参为形参赋值。在一个项目中，可以多次调用同一个块，如在调用控制电动机的块时，将不同的实参赋值给形参，就可以实现对类似但不完全相同的被控对象（如直流电动机和交流电动机）的控制。

块及子程序的调用可以嵌套调用，即调用块的同时还可以调用其他的块。嵌套调用的嵌套深度与 CPU 的型号相关。嵌套调用的深度同时还与局部数据堆栈（L 堆栈）有关。每个 OB 需要至少 20 B 的 L 内存。当块 A 调用块 B 时，块 A 的临时变量将被压入 L 堆栈进行现场保护。结构化编程如图 11-4 所示。

结构化编程的优点如下。

（1）各单个任务块的创建和测试可以相互独立地进行。

（2）通过使用参数，可将块设计得十分灵活。

（3）块可以根据需要在不同的地方以不同的参数数据记录进行调用。

（4）在预先设计的库中，能够提供用于特殊任务的"可重用"块。

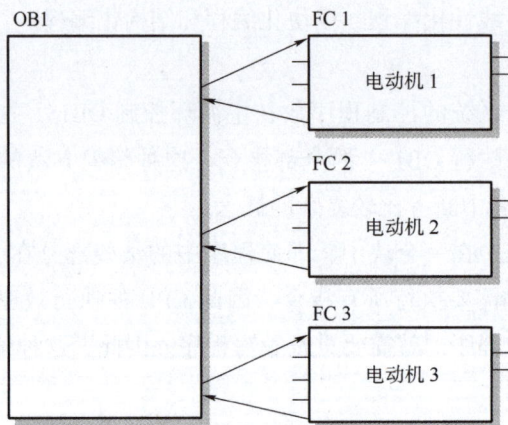

图 11-4　结构化编程

（二）DB

DB 是用于存储用户数据及程序的中间变量。新建 DB 时，默认状态下是优化的存储方式（优化的块访问），在优化的存储方式中，DB 中存储的变量是非保持的。DB 占用 CPU 的装载存储器和工作存储器的资源，与 M 区相比，相同之处为使用功能是类似的，且都是全局变量；但不同之处是 M 区的区域大小是固定的，不能扩展，而 DB 存储区的大小是由用户定义的，最

数据块概述

大不超过工作存储器和装载存储器的大小即可。

DB 可细分为全局 DB、背景 DB 和系统数据类型 DB，在下面会分别进行介绍。

全局 DB 用于存储程序数据，因此，DB 包括用户所使用的变量数据，一个程序中可以创建多个 DB。在使用全局 DB 时需要先创建 DB，才可以在程序中进行使用。DB 的创建步骤如图 11-5 所示。

背景 DB 一般在使用 FB 时才进行使用。

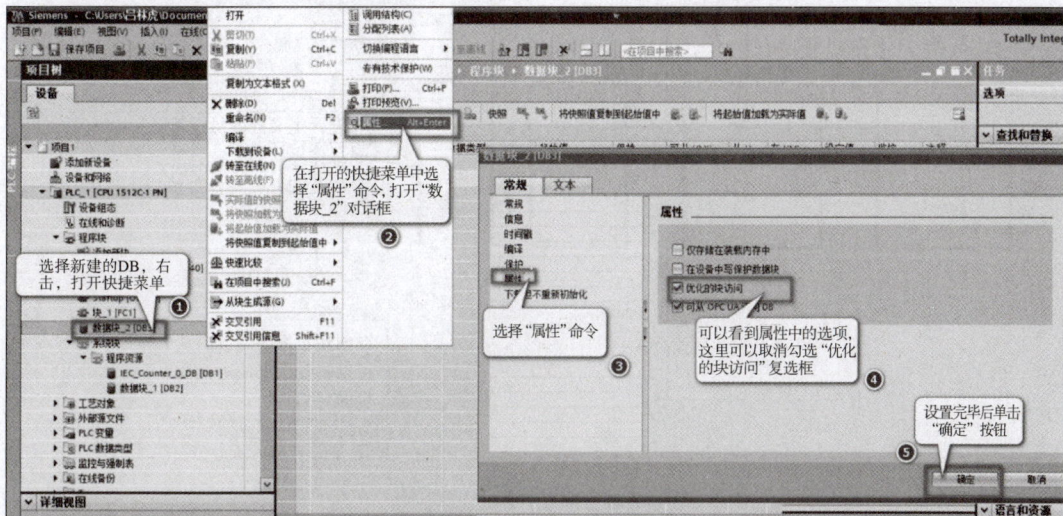

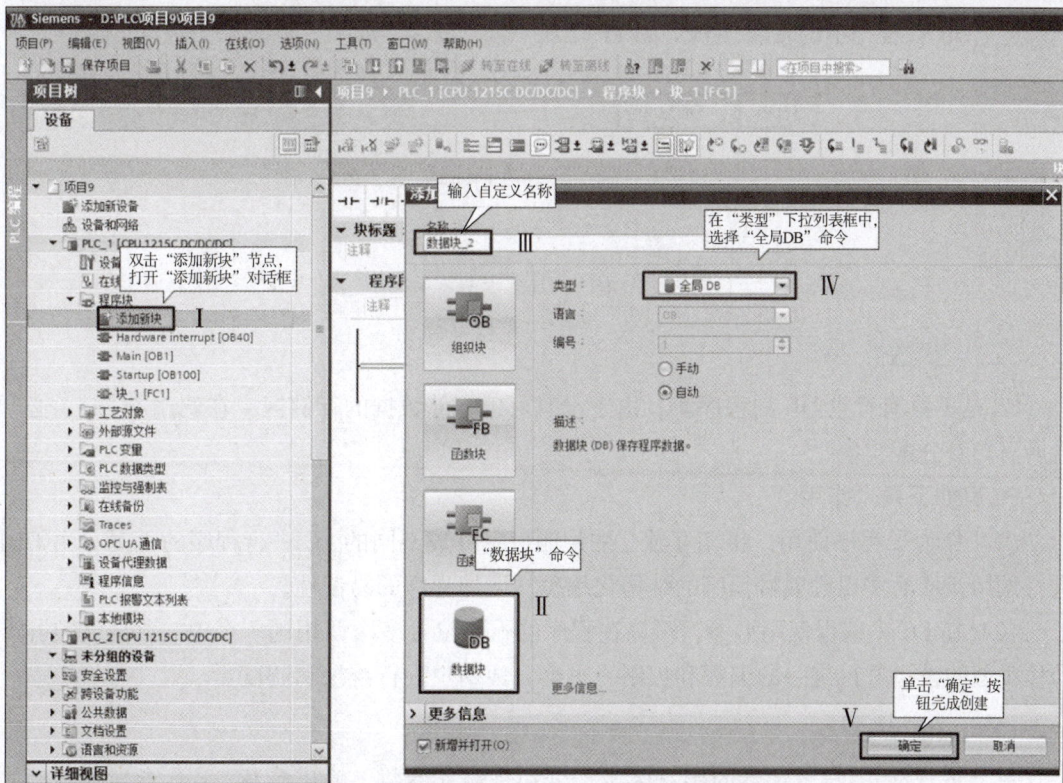

图 11-5　DB 的创建步骤

在创建 DB 后，可以在 DB 的属性中选择数据的存储方式，可以选择优化的块访问和非优化的块访问。选择非优化的块访问时，可以使用绝对地址的寻址方式进行数据访问；使用优化的块访问时，只能使用符号寻址的方式访问该 DB。

在打开的 DB 中可以定义新的变量，并编辑变量的数据类型、初始值及保持性等信息，根据项目需求可以很灵活地进行各种设置，如图 11-6 所示。

图 11-6　DB 创建后的设置

DB 在程序中的变量结构如图 11-7 所示。

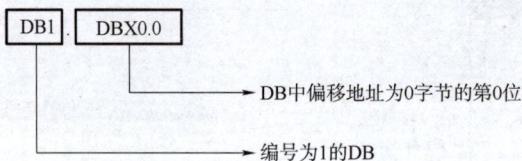

图 11-7　DB 在程序中的变量结构

（三）参数化 FC

FC 是不具有背景 DB 的程序块，由于没有可以存储数据的存储区，在调用 FC 时，必须给所有形参分配实参。

FC 有如下两个作用。

（1）作为子程序使用，将相互独立的控制设备分成不同的 FC 进行程序的编写，由 OB1 进行调用，从而实现对项目程序的结构化编程，增加程序的易读性。

（2）在 FC 中编程使用形参，可以在程序的不同位置多次调用同一个 FC，可以使功能、动作类似的设备进行统一的编程和控制，也会方便用户进行维护和调试。

（四）FC 接口

每个 FC 都带有设置形参的接口区域，分别是输入参数、输出参数、I/O 参数及临时数据和本地常量。每种形参类型和本地数据均可定义多个变量设置区域，可以定义多个形参，其中每个块的临时变量最大为 16 KB，如图 11-8 所示。

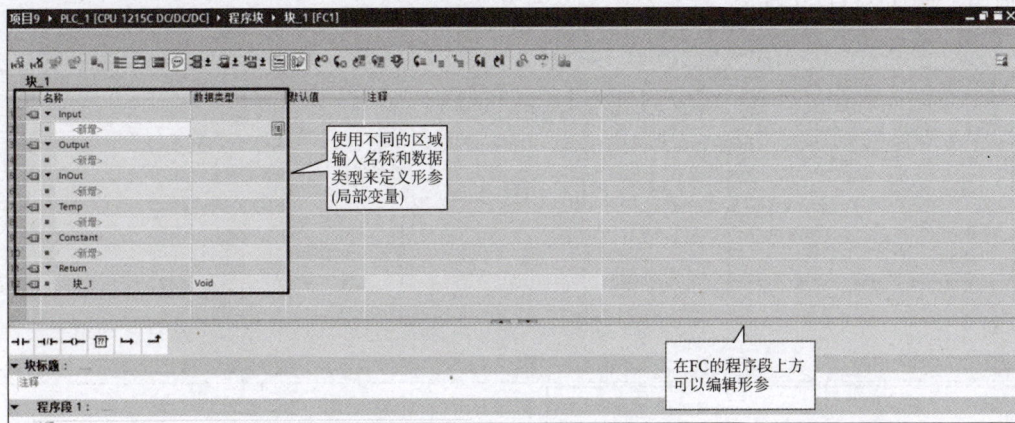

图 11-8　FC 接口参数设置

Input：输入参数，FB 在调用时将用户程序的数据传递到 FB 中。用户程序中的数据可以为常数。

Output：输出参数，FB 调用时将函数块的执行结果传递到用户程序中。用户程序中的数据不能为常数。

InOut：I/O 参数，FB 调用时，由 FB 读取其值后进行计算，执行后将结果返回，可以为输出也可以为输入。在用户程序中不可以用常数。

Temp：用于 FC 内部临时存储中间过程值结果的临时变量，不占用背景 DB 的空间，数据不会被保持。

Constant：声明常量的符号名后，在程序中可以使用符号代替常量，使得程序具有更强的可读性，易于维护。

注意：设置的局部变量在调用 FC 时由系统自动生成，在退出 FC 时收回，所以 FC 的数据不会进行保持。

（五）无形参 FC

在 FC 的接口数据区中可以不定义形参变量，即调用程序与 FC 之间没有数据交换，只是运行 FC 中的程序，这样的 FC 可以当作子程序进行调用，使用这样的 FC 可以将整个项目的程序进行结构化划分，使程序更加清晰，更加易于维护和调试。

注意：在 FC 中可以定义形参，也可以不定义，是否定义形参由实际项目需求决定。

（六）带形参 FC

1. FC 使用

在项目实施和应用中，经常会遇到许多工作流程和作用相似的设备，例如，某项目中的一段按照工艺要求需要对其 3 台传送带设备进行控制，每台传送带设备的控制要求和参数均一致。如果分别对每台设备进行相应的编程，需要付出的工作量会比较大，时间会比较长，重复性工作太多，因此可以将一台传送带设备的控制程序作为模板，模板中的所有变量均使用形参，然后在程序中多次调用该 FC，并在 OB 中对应 FC 的管脚处定义不同的参数，即可实现对多台相似设备进行控制的要求。这种编程方式减少了工作量，且易于调试和维护。

FC 使用示例如图 11-9 所示。

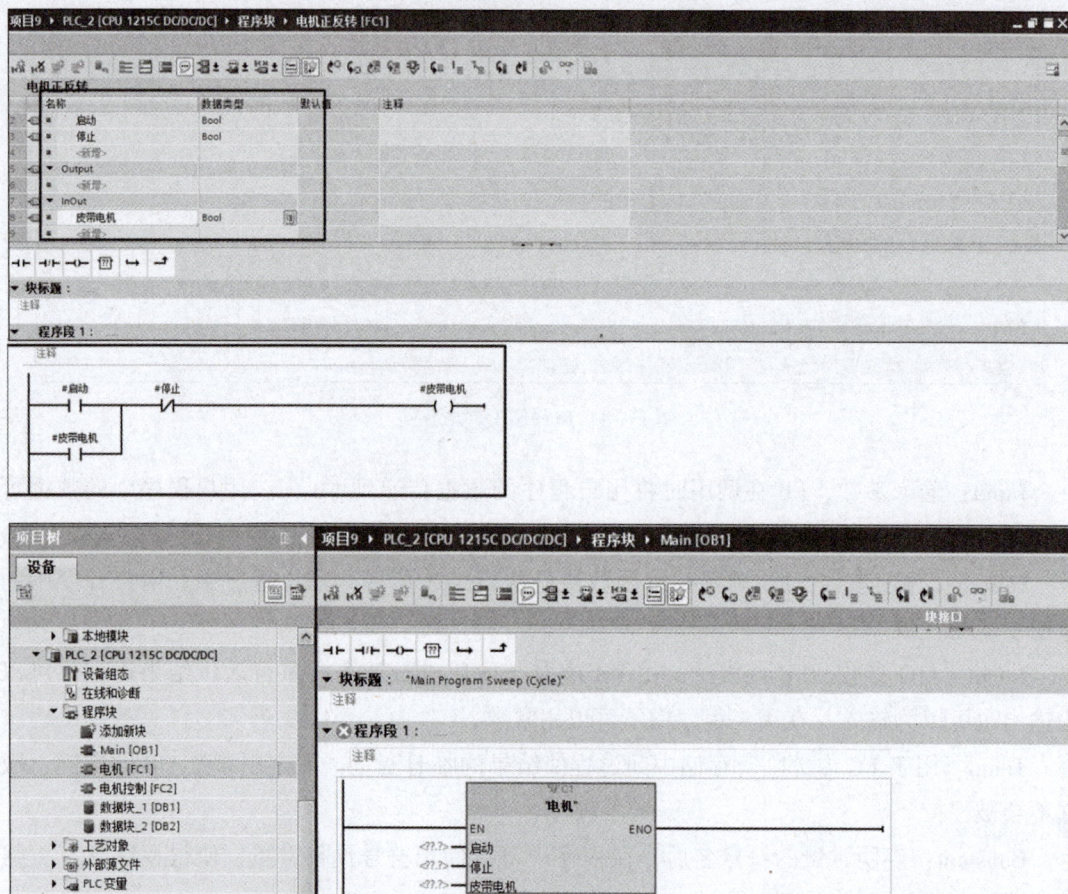

图 11-9　FC 使用示例

注意：FC 的形参只能使用符号寻址，不能使用绝对寻址。

2. 修改接口出错

若修改接口，则出现调用块出错的状态。解决方式是右击错误块，在弹出的快捷菜单中选择"更新块调用"命令即可，如图 11-10、图 11-11 所示。

图 11-10　接口错误状态

3. 多重调用切换监控

若要监控使用的块，则右击想要查看的块，在弹出的快捷菜单中选择"打开并监视"命令即可，如图 11-12 所示。

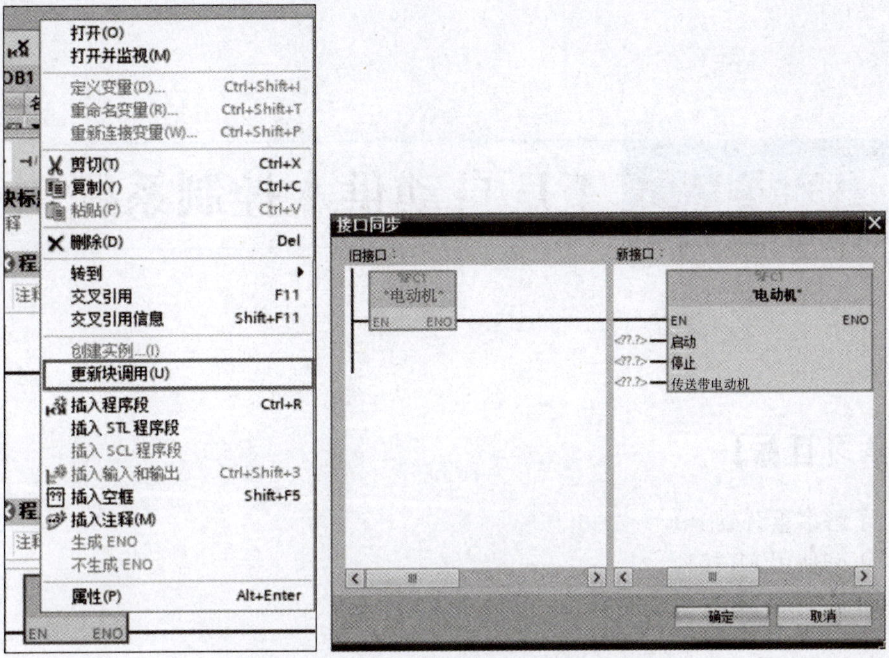

图 11-11　接口错误解决步骤

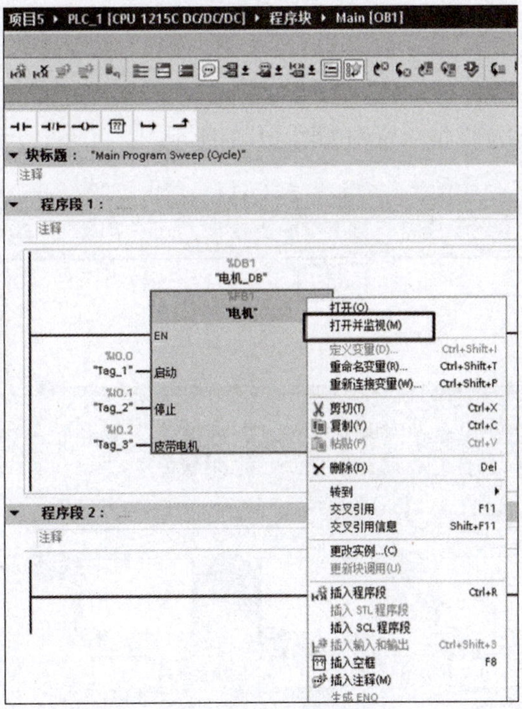

图 11-12　FC 监控

实训项目十二 工厂自动供水控制系统

【学习目标】

（1）了解多重背景 DB。

（2）正确使用 FB 接口。

（3）能够完成 FB 的自主制作。

【建议学时】

8 学时。

【情景描述】

工厂自动供水控制系统模拟示意图如图 12-1 所示。

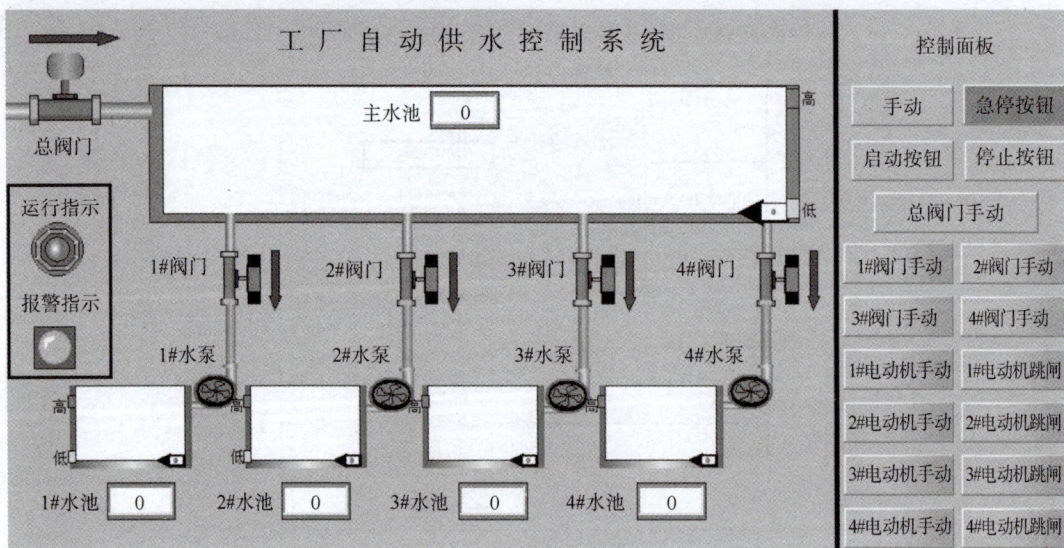

图 12-1　工厂自动供水控制系统模拟示意图

1. 手动操作

（1）单击"手动"按钮，切换到手动状态。

（2）单击"总阀门手动"按钮，总阀门打开。

（3）单击"1#阀门手动"按钮，1#阀门打开。

（4）单击"1#电动机手动"按钮，1#电动机运行。

（5）单击"2#阀门手动"按钮，2#阀门打开。

（6）单击"2#电动机手动"按钮，2#电动机运行。

（7）单击"3#阀门手动"按钮，3#阀门打开。

（8）单击"3#电动机手动"按钮，3#电动机运行。

（9）单击"4#阀门手动"按钮，4#阀门打开。

（10）单击"4#电动机手动"按钮，4#电动机运行。

2. 自动操作

（1）再次单击"手动"按钮，切换到自动状态。

（2）主水池内有上、下限位信号，当水池内水位降到下限位时启动，到达上限位时停止。

（3）1#水池与2#水池同样有上、下限位，当水位到达下限位时启动电动机进行补水，到达上限位时停止补水。

（4）3#水池与4#水池只有上限位，每天8点需要补满水池。

（5）当水泵启动时需要先打开阀门再打开水泵。

（6）每个电动机都有跳闸信号反馈。

（7）在任何情况下都可以停止设备，单击"急停按钮"，设备动作全部停止。

【项目实施】

一、信息收集

通过专业书籍、网络、标准与规范或资料页等信息源获取以下信息和知识，并将内容补充完整。

（1）查询资料页或帮助，分析 FB 与 FC 在接口上有哪些不同（见图 12-2）。

	名称	数据类型	默认值	保持	从 HMI/OPC..	从 H...	在 HMI ...	设定值	监控	注释
1	▼ Input				☐	☐	☐	☐		
2	■ ‹新增›		▦	▾	☐	☐	☐	☐		
3	▼ Output				☐	☐	☐	☐		
4	■ ‹新增›				☐	☐	☐	☐		
5	▼ InOut				☐	☐	☐	☐		
6	■ ‹新增›				☐	☐	☐	☐		
7	▼ Static				☐	☐	☐	☐		
8	■ ‹新增›				☐	☐	☐	☐		
9	▼ Temp				☐	☐	☐	☐		
10	■ ‹新增›				☐	☐	☐	☐		
11	▼ Constant				☐	☐	☐	☐		
12	■ ‹新增›				☐	☐	☐	☐		

图 12-2　函数接口参数

（2）查询资料页或帮助，分析 FB 与 FC 在实际应用中有哪些不同。

（3）填写 RD_LOC_T 指令空白处 OUT 位置的数据类型，并进行正确的连线（见图 12-3）。

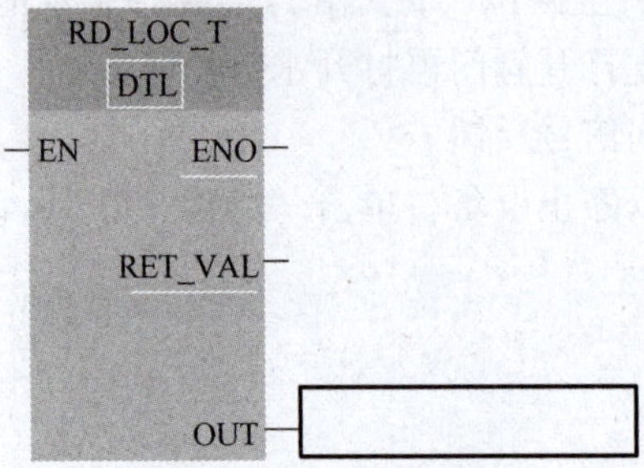

图 12-3　RD_LOC_T 指令

YEAR	月
MONTH	时
DAY	年
WEEKDAY	纳秒
HOUR	星期
MINUTE	日
SECOND	分
NANOSECOND	秒

（4）工艺流程分析。

（5）根据工艺流程分析填写 I/O 分配表，如表 12-1 所示。

表 12-1　实训项目十二 I/O 分配表

输入点			
名称	数据类型	地址	备注
启动按钮	Bool	DB112. DBX0. 0	对应触摸屏变量
停止按钮	Bool	DB112. DBX0. 1	对应触摸屏变量
急停按钮	Bool	DB112. DBX0. 2	对应触摸屏变量
手动	Bool	DB112. DBX0. 3	对应触摸屏变量
总阀门手动	Bool	DB112. DBX0. 4	对应触摸屏变量
1#阀门手动	Bool	DB112. DBX0. 5	对应触摸屏变量
1#电动机手动	Bool	DB112. DBX0. 6	对应触摸屏变量
1#电动机跳闸	Bool	DB112. DBX0. 7	对应触摸屏变量
2#阀门手动	Bool	DB112. DBX1. 0	对应触摸屏变量
2#电动机手动	Bool	DB112. DBX1. 1	对应触摸屏变量
2#电动机跳闸	Bool	DB112. DBX1. 2	对应触摸屏变量

输入点			
名称	数据类型	地址	备注
3#阀门手动	Bool	DB112. DBX1. 3	对应触摸屏变量
3#电动机手动	Bool	DB112. DBX1. 4	对应触摸屏变量
3#电动机跳闸	Bool	DB112. DBX1. 5	对应触摸屏变量
4#阀门手动	Bool	DB112. DBX1. 6	对应触摸屏变量
4#电动机手动	Bool	DB112. DBX1. 7	对应触摸屏变量
4#电动机跳闸	Bool	DB112. DBX2. 0	对应触摸屏变量
主水池水位高位	Bool	DB112. DBX2. 1	对应触摸屏变量
主水池水位低位	Bool	DB112. DBX2. 2	对应触摸屏变量
1#水池水位高位	Bool	DB112. DBX2. 3	对应触摸屏变量
1#水池水位低位	Bool	DB112. DBX2. 4	对应触摸屏变量
2#水池水位高位	Bool	DB112. DBX2. 5	对应触摸屏变量
2#水池水位低位	Bool	DB112. DBX2. 6	对应触摸屏变量
3#水池水位高位	Bool	DB112. DBX2. 7	对应触摸屏变量
3#水池水位低位	Bool	DB112. DBX3. 0	对应触摸屏变量
4#水池水位高位	Bool	DB112. DBX3. 1	对应触摸屏变量
4#水池水位低位	Bool	DB112. DBX3. 2	对应触摸屏变量
输出点			
名称	数据类型	地址	备注
1#电动机	Bool	DB112. DBX4. 0	对应触摸屏变量
2#电动机	Bool	DB112. DBX4. 1	对应触摸屏变量
3#电动机	Bool	DB112. DBX4. 2	对应触摸屏变量
4#电动机	Bool	DB112. DBX4. 3	对应触摸屏变量
1#阀门	Bool	DB112. DBX4. 4	对应触摸屏变量
2#阀门	Bool	DB112. DBX4. 5	对应触摸屏变量
3#阀门	Bool	DB112. DBX4. 6	对应触摸屏变量
4#阀门	Bool	DB112. DBX4. 7	对应触摸屏变量
总阀门	Bool	DB112. DBX5. 0	对应触摸屏变量
报警灯	Bool	DB112. DBX5. 1	对应触摸屏变量

二、制订计划

制订计划并填写表 12-2 所示的计划表。

表 12-2　计划表

学习情境		小组名称		日期	
学习任务		小组成员			

为了准备实践工作任务，必须制订必要的工作步骤计划，且工作步骤顺序要有意义。请将工作步骤计划写在下面

序号	工作步骤（关键词语或简短语句即可）

三、做出决策

做出决策并填写表 12-3 所示的决策表。

表 12-3 决策表

学习情境			小组名称		日期	
学习任务			小组成员			

计划（方案）	比较项目				确定计划（方案）
	合理性	可操作性	实施难度	实施时间	
1	□优 □中 □差	□易 □中 □难	□易 □中 □难	□短 □中 □长	
2	□优 □中 □差	□易 □中 □难	□易 □中 □难	□短 □中 □长	
3	□优 □中 □差	□易 □中 □难	□易 □中 □难	□短 □中 □长	

计划（方案）简要说明：

组长		教师	

四、实施任务

1. 画/写出程序架构

可以根据自己的理解画出图形，图形的形式可以多种多样。

2. 设备检查

实训项目十二设备检查表如表 12-4 所示。

表 12-4 实训项目十二设备检查表

检查表				
序号	检查工作	检测点	检测结果	备注
1	电源电压	Q_1 断路器	220 V	
2	24 V 控制电压	Q_2 断路器	24 V	
3	计算机与 PLC 通信是否成功	—	□是/□否	
4	触摸屏与 PLC 通信是否成功	—	□是/□否	
5	触摸屏与 PLC 点位对应是否正确	—	□是/□否	

3. 编写程序

根据顺序功能图编写程序，编写程序时使用决策中确定的方案。

在以下空白处填写程序架构搭建方式、编程思路、程序主体与程序编写中所遇到的问题等。

4. 程序调试

下载程序，进行调试，列出调试过程中出现的问题。

5. 功能测试

实训项目十二功能测试表如表 12-5 所示。

表 12-5　实训项目十二功能测试表

功能测试表				
序号	检查工作	自评	教师	备注
1	单击"手动"按钮，切换到手动状态； 单击"总阀门手动"按钮，总阀门打开； 单击"1#阀门手动"按钮，1#阀门打开； 单击"1#电动机手动"按钮，1#电动机运行； 单击"2#阀门手动"按钮，2#阀门打开； 单击"2#电动机手动"按钮，2#电动机运行； 单击"3#阀门手动"按钮，3#阀门打开； 单击"3#电动机手动"按钮，3#电动机运行； 单击"4#阀门手动"按钮，4#阀门打开； 单击"4#电动机手动"按钮，4#电动机运行	□是/□否	□是/□否	
2	再次单击"手动"按钮，切换到自动状态	□是/□否	□是/□否	
3	主水池内有上下限位信号，当水池内水降到下限位时启动，到达上限位时停止	□是/□否	□是/□否	
4	1#水池与2#水池：当到达下限位时启动电动机进行补水，到达上限位时停止补水	□是/□否	□是/□否	
5	3#水池与4#水池：每天8点需要补满水池	□是/□否	□是/□否	
6	当水泵启动时需要先打开阀门再打开水泵	□是/□否	□是/□否	
7	每个电动机都有跳闸信号反馈	□是/□否	□是/□否	
8	在任何情况下都可以停止设备，单击"急停按钮"，设备动作全部停止	□是/□否	□是/□否	

五、检测评估

实训项目十二自评互评表如表 12-6 所示。

表 12-6 实训项目十二自评互评表

自评互评表						
学习情境				学时		
学习任务				组长		
成员						
评价项目		评定标准	自评	互评	团队	教师
专业能力（49分）	安全操作	无违章操作，未发生安全事故 □优（0） □中（-10） □差（-20）				
	工作计划	计划合理、可操作性强 □优（7） □中（4） □差（2）				
	I/O 地址分配表	准确、无误 □优（6） □中（4） □差（2）				
	功能描述及程序架构图	描述清楚，程序架构符合控制工艺要求 □优（8） □中（5） □差（2）				
	程序编制	程序运行可靠、无缺陷，能够实现预期的控制功能 □优（10） □中（5） □差（2）				
	程序调试	调试方法正确，工具仪器使用得当 □优（8） □中（5） □差（2）				
	功能实现	符合设计要求和工艺标准 □优（10） □中（5） □差（3）				
方法能力（30分）	独立学习的能力	在教师的指导下，借助学习资料，能够独立学习新知识和新技能，完成工作任务 □优（8） □中（5） □差（2）				
	分析并解决问题的能力	在教师的指导下，独立解决工作中出现的各种问题，顺利完成工作任务 □优（8） □中（5） □差（2）				
	获取信息能力	通过网络、专业书籍、技术手册等获取信息，整理资料，获取所需知识 □优（7） □中（4） □差（2）				
	整体工作能力	根据工作任务，制订、实施工作计划，进行工作过程和产品质量的控制与管理 □优（7） □中（4） □差（2）				

评价项目		评定标准	自评	互评	团队	教师
社会能力 (21分)	团队协作和沟通能力	工作过程中，团队成员之间相互沟通与协商，具备良好的群体意识，通力合作，圆满完成工作任务 □优（7）　□中（5）　□差（3）				
	工作任务的组织管理能力	能完成工作过程组织与管理，与相关人员协作，注意劳动安全 □优（7）　□中（5）　□差（3）				
	工作责任心与职业道德	具备良好的工作责任心、社会责任心、群体意识和职业道德 □优（7）　□中（4）　□差（2）				
小计						
总分（自评×15%+互评×15%+团队×30%+教师×40%）						

评语：

学生		教师		日期	

六、项目交付

实训项目十二交付单如表12-7所示。

表12-7　实训项目十二交付单

项目交付单			
项目名称		学生	
工作时间		完成时间	
工作地点		检验教师	
编程思路与体会			
程序缺陷与改进分析			
程序缺陷		改进分析	
项目评价			

资料页

与 FC 相比，每次调用 FB 时必须为之分配背景 DB。FB 的输入参数、输出参数、I/O 参数及静态变量存储在背景 DB 中，在执行完 FB 后，这些值依然存在。一个 DB 既可以作为一个 FB 的背景 DB，也可以作为多个 FB 的背景 DB。FB 也可以使用临时变量，临时变量并不存储在背景 DB 中。

（一）FB 接口

FB 的接口设置与 FC 相同，带有形参接口区。参数类型除输入参数、输出参数、I/O 参数、临时数据区、本地常量外，还带有存储中间变量的静态数据区，如图 12-4 所示。

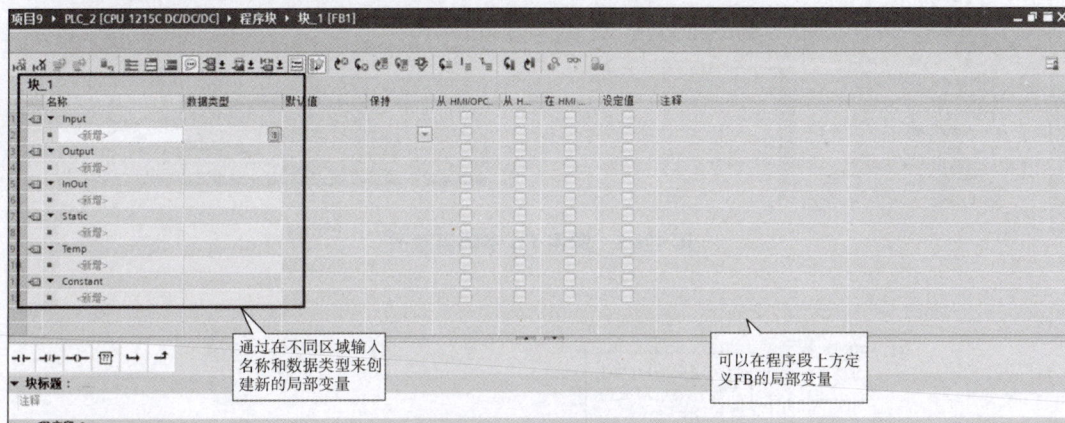

图 12-4　FB 接口设置

Static：静态变量，不参与参数传递，用于存储块的中间过程值。

（二）FB 与背景 DB

1. 使用

在调用 FB 时，系统会自动弹出分配背景 DB 的窗口，背景 DB 用于储存 FB 中产生的数据信息，使其不会因一个扫描周期结束而造成数据丢失，并且通过背景 DB 可以根据需求自定义 FB 中的某些数据的值；背景 DB 不能相同，否则其块中的输入、输出信号会相冲。调用 FB 步骤示意图如图 12-5 所示，调用完成的 FB 上方都会显示对应的背景 DB 如图 12-6 所示。

2. 修改接口更新背景 DB

修改接口后背景 DB 会报错，需要进行更新。修改接口后更新背景 DB 如图 12-7 所示。

（三）读取 S7-1200 CPU 的系统/本地时钟

1. 读取 S7-1200 CPU 的系统/本地时钟指令的调用

图 12-8 所示为读取 S7-1200 CPU 的系统/本地时钟指令的调用对话框。

2. 读取 S7-1200 CPU 的系统/本地时钟指令的使用

在 DB 中创建数据类型为时间和日期（DTL）的变量，如图 12-9 所示。

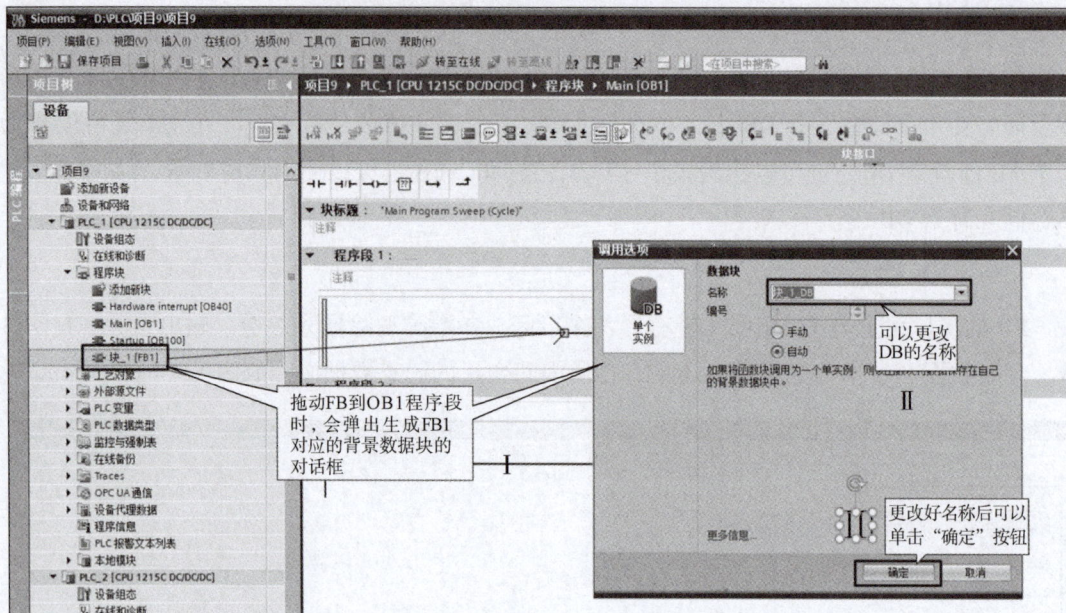

图 12-5　调用 FB 步骤示意图

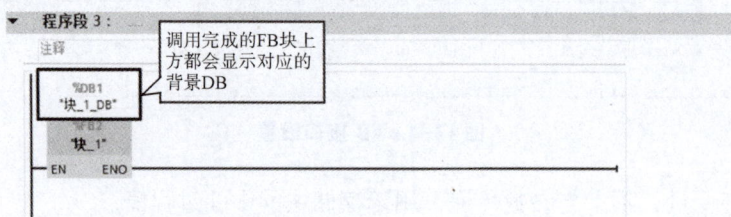

图 12-6　调用后 FB 显示

图 12-7　修改接口后更新背景 DB

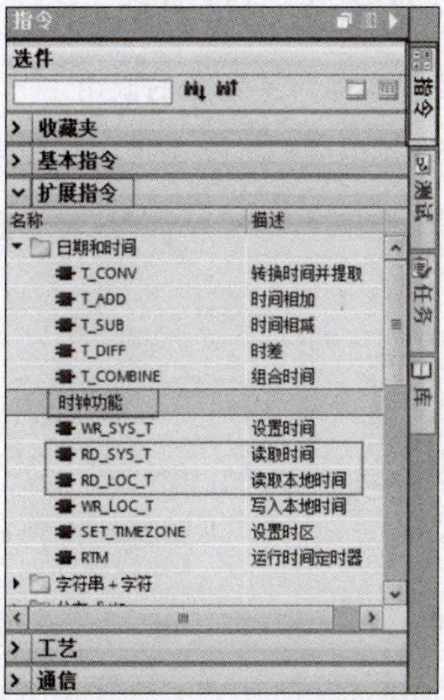

图 12-8　读取 S7-1200 CPU 的系统/本地时钟指令的调用对话框

图 12-9　在 DB 中创建数据类型为 DTL 的变量示意图

在 OB1 中编程，读出的系统/本地时间通过输出管脚 OUT 放入 DB 相应的变量中，如图 12-10 所示。

图 12-10　读出的系统/本地时间通过输出管脚 OUT 放入 DB 相应的变量中示意图

（四）设置 S7-1200 CPU 的系统/本地时钟

1. 设置 S7-1200 CPU 的系统/本地时钟指令的调用

图 12-11 所示为设置 S7-1200 CPU 的系统/本地时针指令的调用对话框。

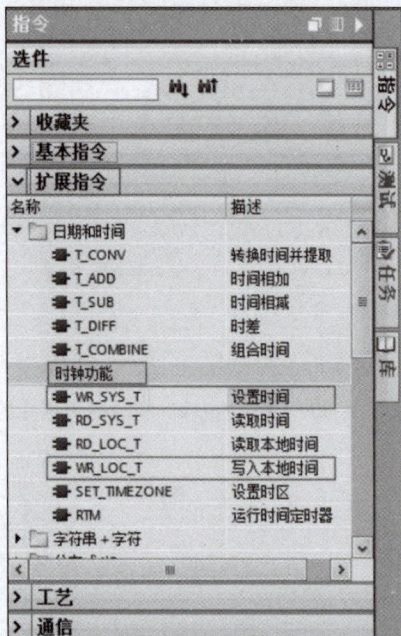

图 12-11　设置 S7-1200 CPU 的系统/本地时钟指令的调用对话框

2. 设置 S7-1200 CPU 的系统/本地时钟指令的使用

在 DB 中创建数据类型为 DTL 的变量，如图 12-12 所示。

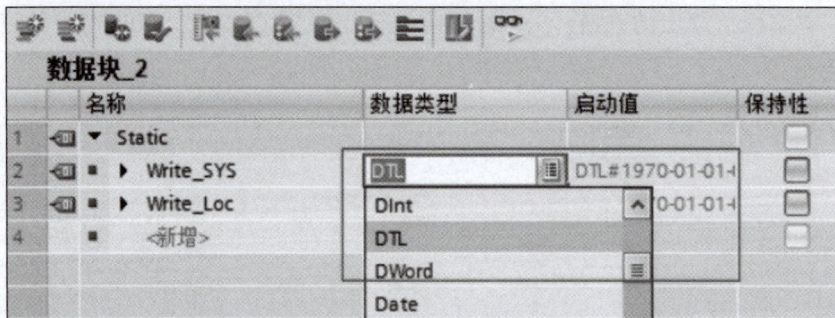

图 12-12　在 DB 中创建数据类型为 DTL 的变量

通过触摸屏或者强制变量的方式给 DTL 变量写入所想要设置的时间日期数值。

在 OB1 中编程，将 DTL 变量填写在输入管脚 IN（设置系统时间指令）/LOCTIME（设置本地时间指令）中，参考程序如图 12-13 所示。

如果 EN 端填写的变量信号状态为 TRUE，则执行设置系统/本地时间指令，将要设置的时间覆盖 CPU 时钟的系统/本地时间。

▼　　程序段 4：……

注释

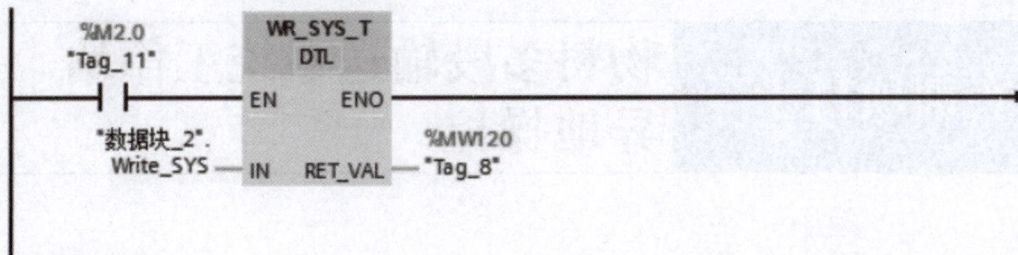

▼　　程序段 5：……

注释

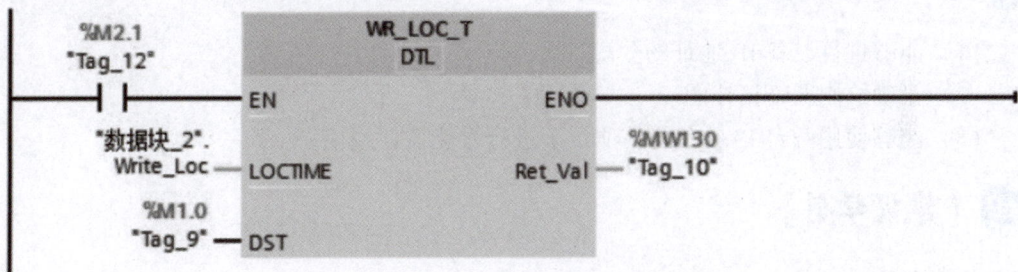

图 12-13　参考程序

实训项目十三　物料多段输送系统工作站异地操控

【学习目标】

（1）能够进行设备 IP 地址的分配。

（2）正确绘制网络拓扑图。

（3）能够使用两台 PLC 在同一项目下进行智能 I/O 通信。

【建议学时】

4 学时。

【情景描述】

一组传送带由三条传送带连接而成，用于传送有一定长度的金属板。为了避免传送带在没有物品时空转，在每条传送带末端安装一个接近开关，用于金属板的检测。控制传送带只有检测到金属板时才启动，当金属板离开传送带后延时 5 s 停止。

从站示意图如图 13-1 所示。

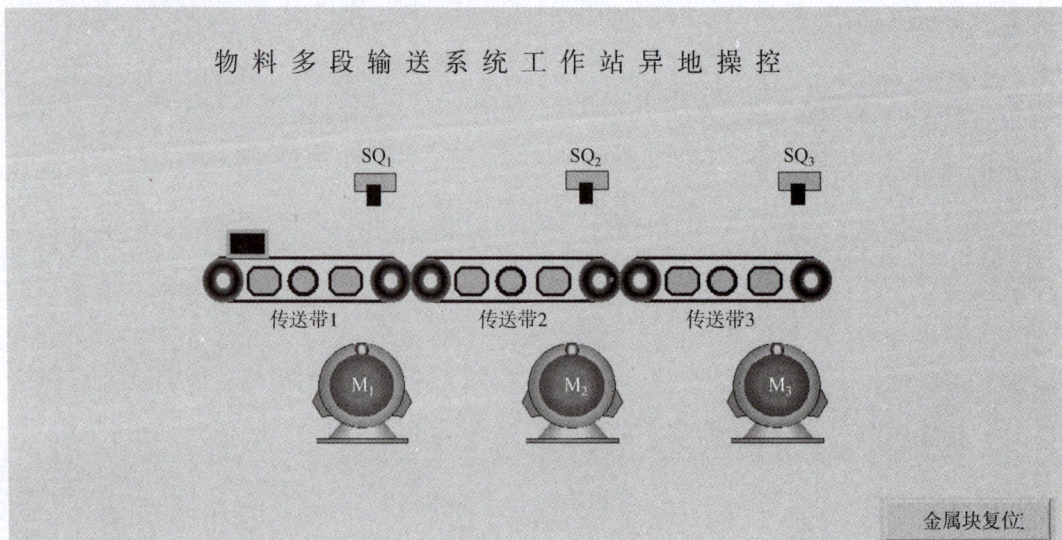

图 13-1　从站示意图

主站示意图如图 13-2 所示。

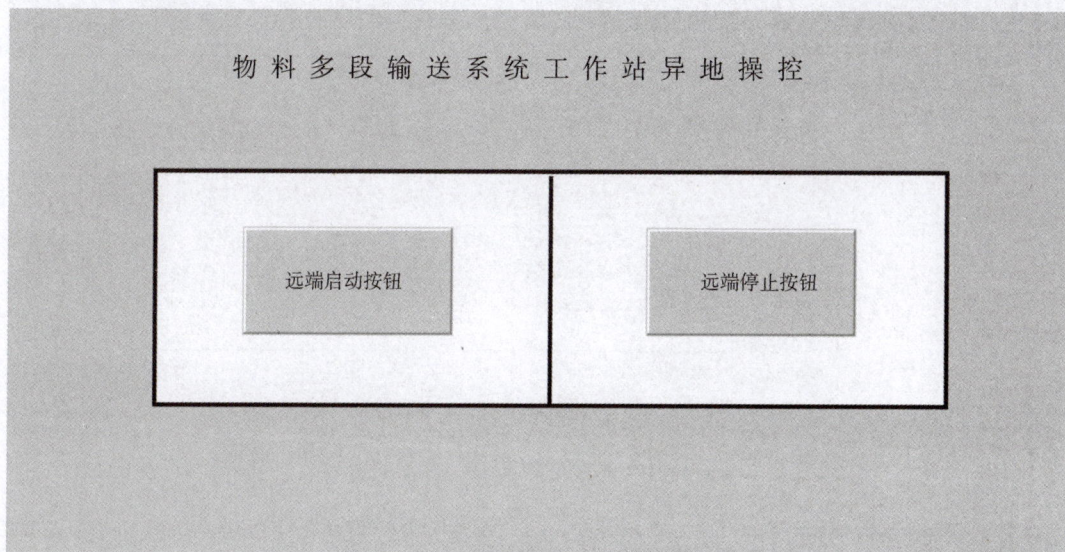

物 料 多 段 输 送 系 统 工 作 站 异 地 操 控

远端启动按钮

远端停止按钮

图 13-2　主站示意图

当工人在传送带 1 的首端放一块金属板，单击"远端启动按钮"，则传送带 1 首先启动。当金属板的前端到达传送带 1 末端时，接近开关 SQ_1 动作，启动传送带 2。当金属板的末端离开接近开关 SQ_1 时，传送带 1 延时 5 s 停止。当金属板的前端到达传送带 2 末端时，接近开关 SQ_2 动作，启动传送带 3。当金属板的末端离开接近开关 SQ_2 时，传送带 2 延时 4 s 停止。最后当金属板的末端离开接近开关 SQ_3 时，传送带 3 延时 3 s 停止。

当单击"远端停止按钮"时，所有动作停止。

【项目实施】

一、信息收集

通过专业书籍、网络、标准与规范或资料页等信息源获取以下信息和知识，并将内容补充完整。

（1）查询资料页或帮助，填写下划线处内容。

CPU 的智能设备（"I-Device"）功能简化了与 I/O 控制器的数据交换和 CPU 操作过程（如用作子过程的智能预处理单元）。智能设备可作为_____到上位 I/O 控制器中，预处理过程则由智能设备中的_____完成。集中式或分布式（PROFINET 或 PROFIBUS DP）I/O 中采集的处理器值由用户程序进行预处理，并提供给 I/O 控制器。

需要强调的是，一旦勾选_____复选框，则该智能设备将不再同时作为 I/O 控制器使用。

（2）简述设备编号的含义，如图 13-3 所示。

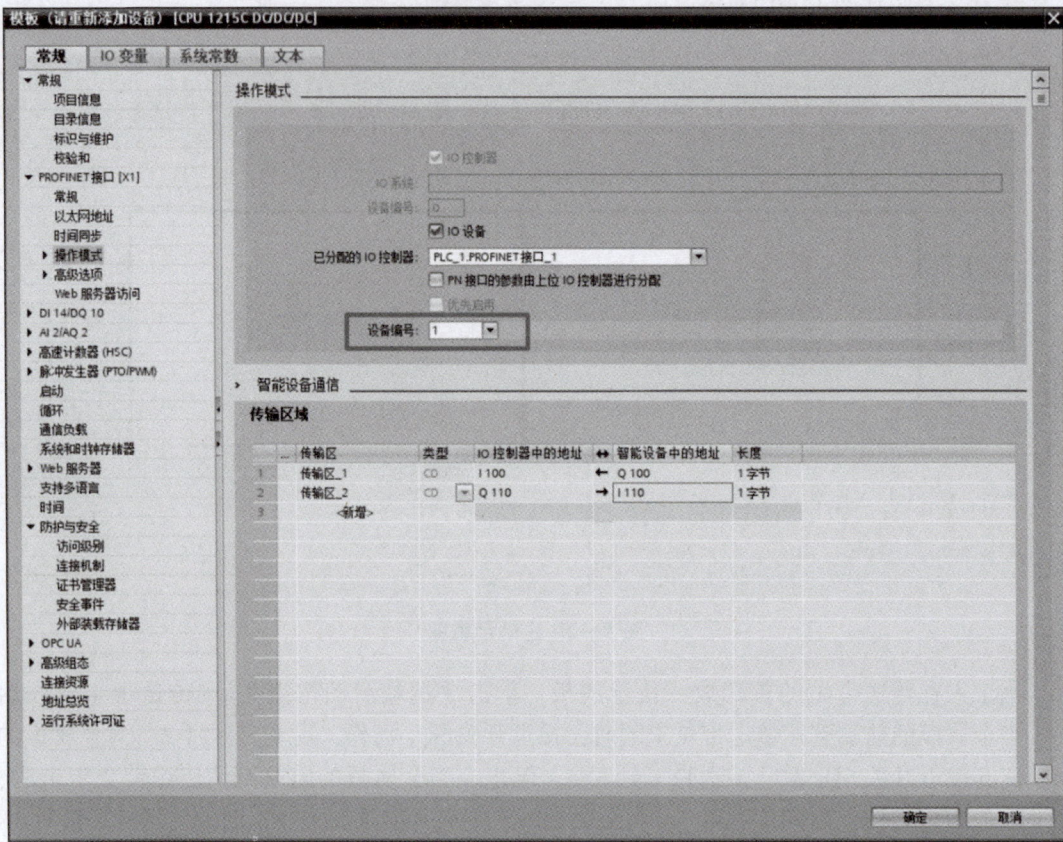

图 13-3　简述设备编号含义

（3）分析图 13-4 中方框区域两台设备传输的地址与长度，并简述传输区域的最大限制。

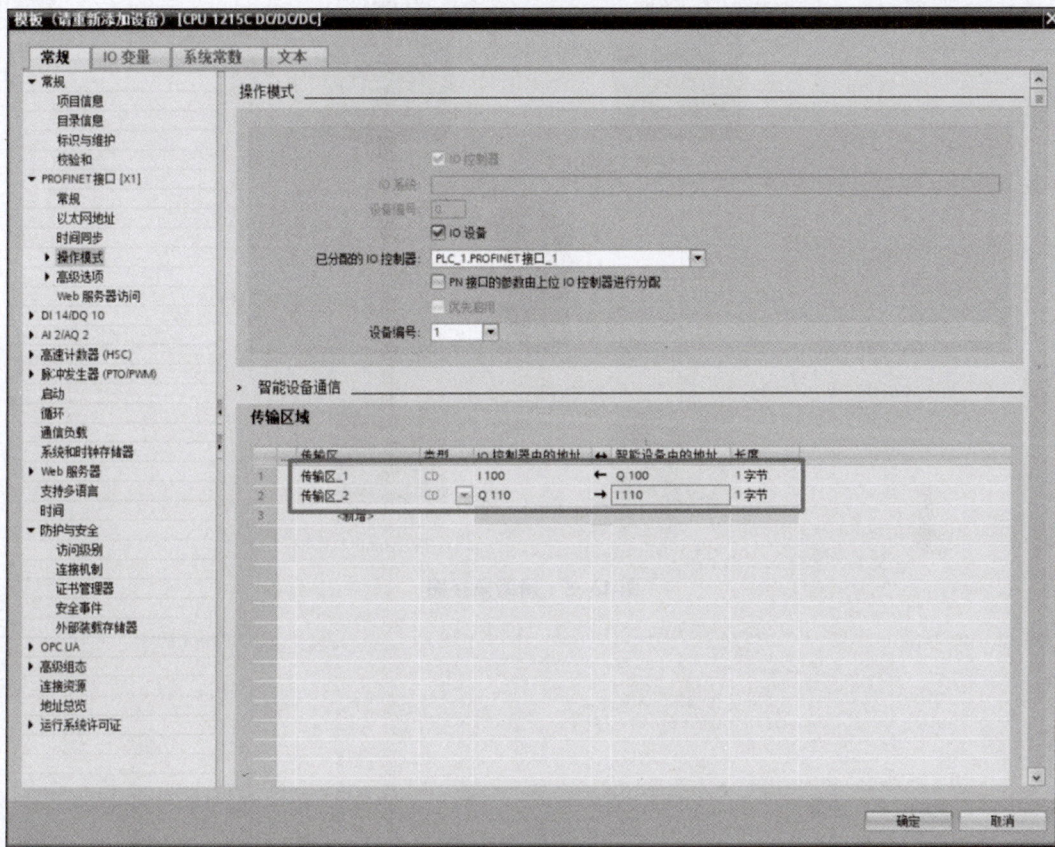

图 13-4 分析传输区的含义

（4）试分析一下网络拓扑图（见图13-5）有什么错误。

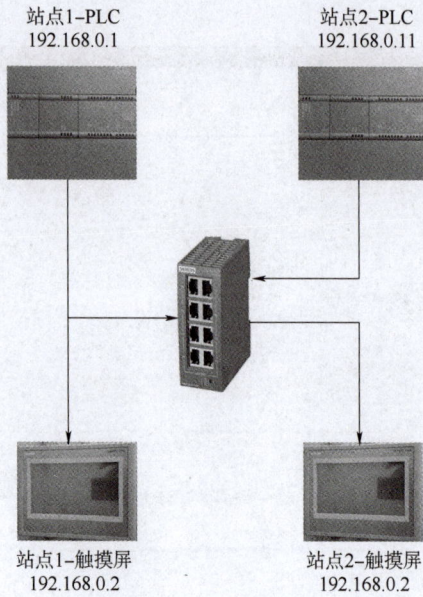

站点1-PLC
192.168.0.1

站点2-PLC
192.168.0.11

站点1-触摸屏
192.168.0.2

站点2-触摸屏
192.168.0.2

图13-5　网络拓扑图

（5）工艺流程分析。

（6）根据工艺流程分析填写 I/O 分配表，如表 13-1 所示。

表 13-1　实训项目十三 I/O 分配表

输入点			
名称	数据类型	地址	备注
SQ_1	Bool	DB113. DBX0. 0	站点 1 触摸屏变量
SQ_2	Bool	DB113. DBX0. 1	站点 1 触摸屏变量
SQ_3	Bool	DB113. DBX0. 2	站点 1 触摸屏变量
远端启动按钮	Bool	DB113. DBX4. 0	站点 2 触摸屏变量
远端停止按钮	Bool	DB113. DBX4. 1	站点 2 触摸屏变量
输出点			
名称	数据类型	地址	备注
M_1	Bool	DB113. DBX2. 0	站点 1 触摸屏变量
M_2	Bool	DB113. DBX2. 1	站点 1 触摸屏变量
M_3	Bool	DB113. DBX2. 2	站点 1 触摸屏变量

二、制订计划

制订计划并填写表13-2所示的计划表。

表13-2　计划表

学习情境		小组名称		日期	
学习任务		小组成员			

为了准备实践工作任务，必须制订必要的工作步骤计划，且工作步骤顺序要有意义。请将工作步骤计划写在下面

序号	工作步骤（关键词语或简短语句即可）

三、做出决策

做出决策并填写表 13-3 所示的决策表。

表 13-3　决策表

学习情境			小组名称		日期	
学习任务			小组成员			

计划 (方案)	比较项目				确定计划 (方案)
	合理性	可操作性	实施难度	实施时间	
1	□优 □中 □差	□易 □中 □难	□易 □中 □难	□短 □中 □长	
2	□优 □中 □差	□易 □中 □难	□易 □中 □难	□短 □中 □长	
3	□优 □中 □差	□易 □中 □难	□易 □中 □难	□短 □中 □长	

计划（方案）简要说明：

组长		教师	

四、实施任务

1. 绘制网络拓扑图

根据个人思路绘制网络拓扑图。

2. 设备检查

实训项目十三设备检查表如表 13-4 所示。

表 13-4　实训项目十三设备检查表

检查表				
序号	检查工作	检测点	检测结果	备注
1	电源电压	Q_1 断路器	220 V	
2	24 V 控制电压	Q_2 断路器	24 V	
3	计算机与 PLC 通信是否成功	—	□是/□否	
4	触摸屏与 PLC 通信是否成功	—	□是/□否	
5	触摸屏与 PLC 点位对应是否正确	—	□是/□否	

3. 编写程序

根据顺序功能图编写程序，编写程序时使用决策中确定的方案。

在以下空白处填写程序架构搭建方式、编程思路、程序主体与程序编写中所遇到的问题等。

4. 程序调试

下载程序，进行调试，列出调试过程中出现的问题。

5. 功能测试

实训项目十三功能测试表如表 13-5 所示。

表 13-5　实训项目十三功能测试表

功能测试表				
序号	检查工作	自评	教师	备注
1	两台设备是否建立连接	□是/□否	□是/□否	
2	当工人在传送带 1 首端放一块金属板，单击"远端启动按钮"，传送带 1 是否首先启动	□是/□否	□是/□否	
3	当金属板的前端到达传送带 1 末端时，接近开关 SQ_1 动作，是否启动传送带 2	□是/□否	□是/□否	
4	当金属板的末端离开接近开关 SQ_1 时，传送带 1 是否延时 5 s 停止	□是/□否	□是/□否	
5	当金属板的前端到达传送带末端时，接近开关 SQ_2 动作，是否启动传送带 3；当金属板的末端离开接近开关 SQ_2 时，传送带 2 是否延时 4 s 停止	□是/□否	□是/□否	
6	当金属板的末端离开接近开关 SQ_3 时，传送带 3 是否延时 3 s 停止	□是/□否	□是/□否	
7	当单击"远端停止按钮"时，所有动作是否停止	□是/□否	□是/□否	

五、检测评估

实训项目十三自评互评表如表 13-6 所示。

表 13-6　实训项目十三自评互评表

自评互评表						
学习情境			学时			
学习任务			组长			
成员						
评价项目		评定标准	自评	互评	团队	教师
专业能力（49分）	安全操作	无违章操作，未发生安全事故 □优（0）　□中（-10）　□差（-20）				
	工作计划	计划合理、可操作性强 □优（7）　□中（4）　□差（2）				
	I/O 地址分配表	准确、无误 □优（6）　□中（4）　□差（2）				
	功能描述及网络拓扑图	描述清楚，网络搭建符合控制工艺要求 □优（8）　□中（5）　□差（2）				
	程序编制	程序运行可靠、无缺陷，能够实现预期的控制功能 □优（10）　□中（5）　□差（2）				

评价项目		评定标准	自评	互评	团队	教师
专业能力（49分）	程序调试	调试方法正确，工具仪器使用得当 □优（8）　□中（5）　□差（2）				
	功能实现	符合设计要求和工艺标准 □优（10）　□中（5）　□差（3）				
方法能力（30分）	独立学习的能力	在教师的指导下，借助学习资料，能够独立学习新知识和新技能，完成工作任务 □优（8）　□中（5）　□差（2）				
	分析并解决问题的能力	在教师的指导下，独立解决工作中出现的各种问题，顺利完成工作任务 □优（8）　□中（5）　□差（2）				
	获取信息能力	通过网络、专业书籍、技术手册等获取信息，整理资料，获取所需知识 □优（7）　□中（4）　□差（2）				
	整体工作能力	根据工作任务，制订、实施工作计划，进行工作过程和产品质量的控制与管理 □优（7）　□中（4）　□差（2）				
社会能力（21分）	团队协作和沟通能力	工作过程中，团队成员之间相互沟通与协商，具备良好的群体意识，通力合作，圆满完成工作任务 □优（7）　□中（5）　□差（3）				
	工作任务的组织管理能力	能完成工作过程组织与管理，与相关人员协作，注意劳动安全 □优（7）　□中（5）　□差（3）				
	工作责任心与职业道德	具备良好的工作责任心、社会责任心、群体意识和职业道德 □优（7）　□中（4）　□差（2）				
小计						
总分（自评×15%+互评×15%+团队×30%+教师×40%）						

评语：

学生		教师		日期	

六、项目交付

实训项目十三交付单如表13-7所示。

表13-7　实训项目十三交付单

项目交付单			
项目名称		学生	
工作时间		完成时间	
工作地点		检验教师	
编程思路与体会			
程序缺陷与改进分析			
程序缺陷		改进分析	
项目评价			

资料页

（一）智能设备功能描述

CPU 的智能设备（I-Device）功能简化了与 I/O 控制器的数据交换和 CPU 操作过程（如用作子过程的智能预处理单元）。智能设备可作为 I/O 设备连接到上位 I/O 控制器中，预处理过程则由智能设备中的用户程序完成。集中式或分布式（PROFINET 或 PROFIBUS DP）I/O 中采集的处理器值由用户程序进行预处理，并提供给 I/O 控制器。智能设备拓扑图如图 13-6 所示。

需要强调的是，一旦勾选"PN 接口的参数由上位 I/O 控制器进行分配"复选框，则该智能设备将不再同时作为 I/O 控制器使用。

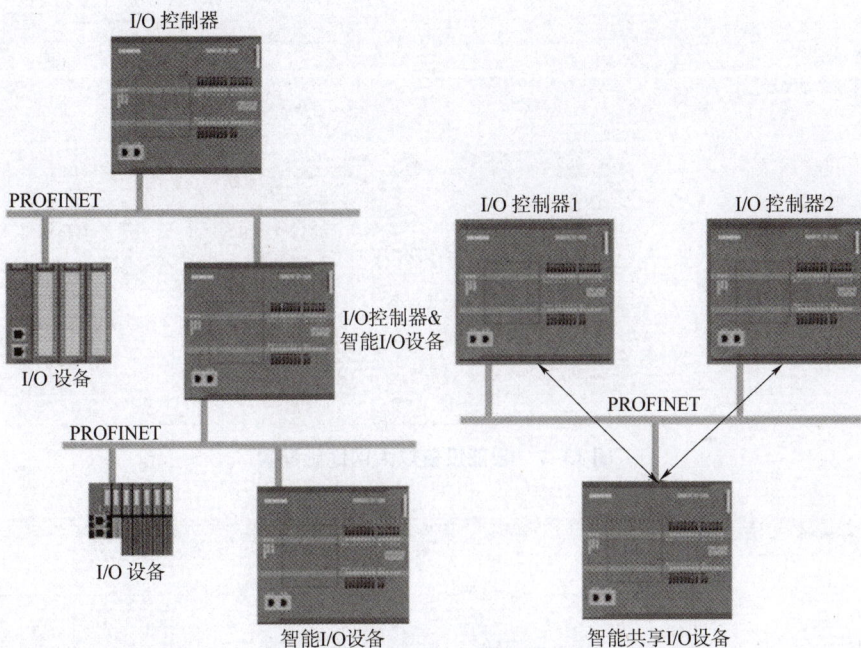

图 13-6　智能设备拓扑图

（二）智能设备在相同项目下的组态

（1）创建 TIA Portal 项目并进行接口参数配置，选择各个设备"以太网地址"命令，分别设置子网、IP 地址及 PROFINET 设备名称，如图 13-7 所示。

（2）对于智能设备，需要勾选"I/O 设备"复选框，并且分配给对应 I/O 控制器，配置所需的传输区，如图 13-8 所示。

此外，如果不勾选"PN 接口的参数由上位 I/O 控制器进行分配"复选框，可指定在上位 I/O 控制器的项目中设置智能设备的更新时间、看门狗时间、伙伴端口、拓扑等功能。

如果勾选"PN 接口的参数由上位 I/O 控制器进行分配"复选框，可指定在上位 I/O 控制器的项目中设置介质冗余、优先启动、传输速率等接口和端口的几乎所有功能。

（3）进入传输区视图还可以分配地址区所属 OB 及过程映像，图 13-9 所示为智能设备传输区配置。

实训项目十三　物料多段输送系统工作站异地操控

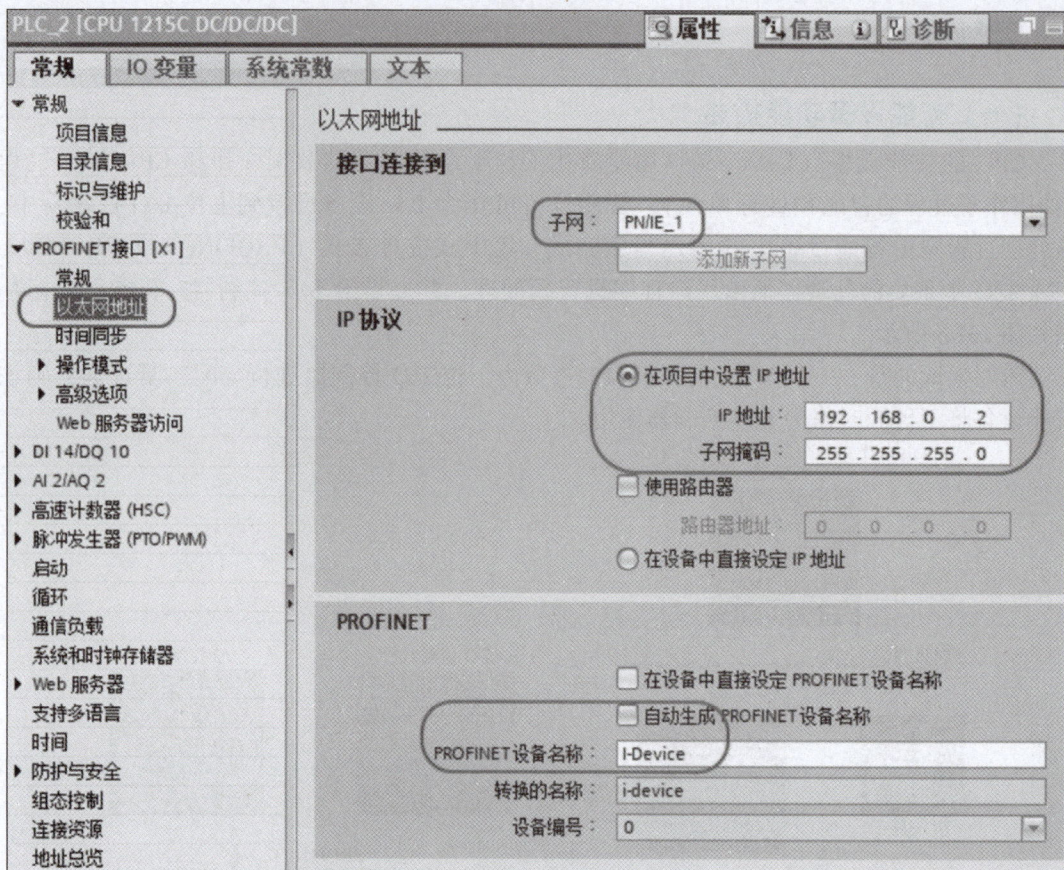

图 13-7　智能设备以太网地址配置

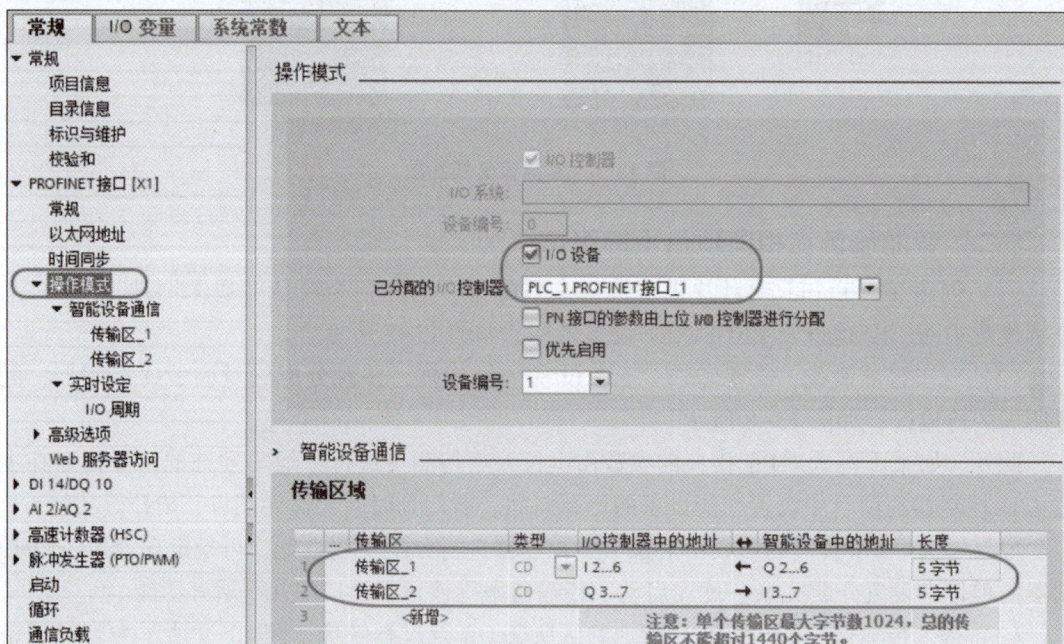

图 13-8　智能设备操作模式配置

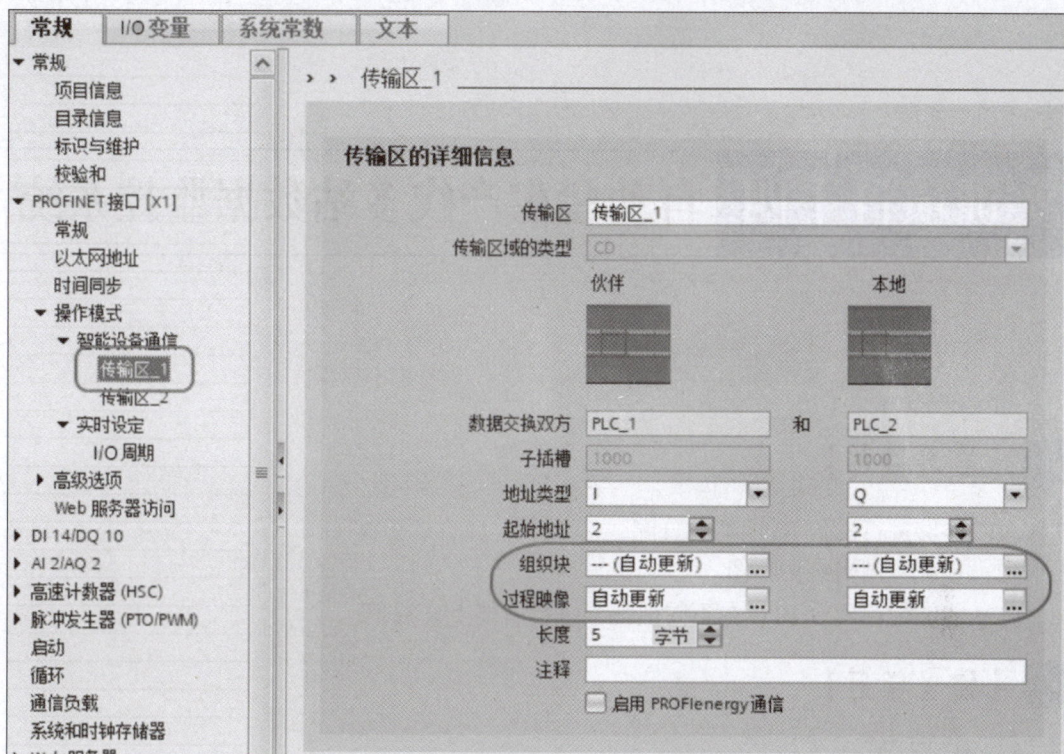

图 13-9　智能设备传输区配置

（4）项目编译、下载、测试：分别编译下载两个 PLC，在监控表中添加传输区数据，给 Q 区赋值，监控发送和接收数据区是否一致。智能设备的测试结果如图 13-10 所示。

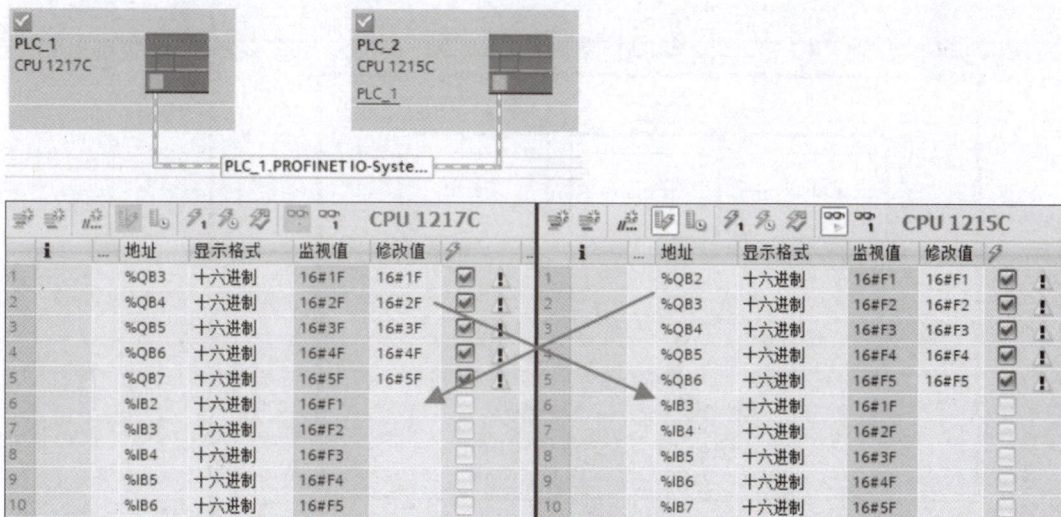

图 13-10　智能设备的测试结果

实训项目十四 自动化生产线多站数据监控系统

【学习目标】

（1）能够进行设备 IP 地址的分配。

（2）正确绘制网络拓扑图。

（3）能够使用两台 PLC 在不同项目下进行智能 I/O 通信。

【建议学时】

4 学时。

【情景描述】

自动化生产线多站数据监控系统 1#站模拟示意图如图 14-1 所示。

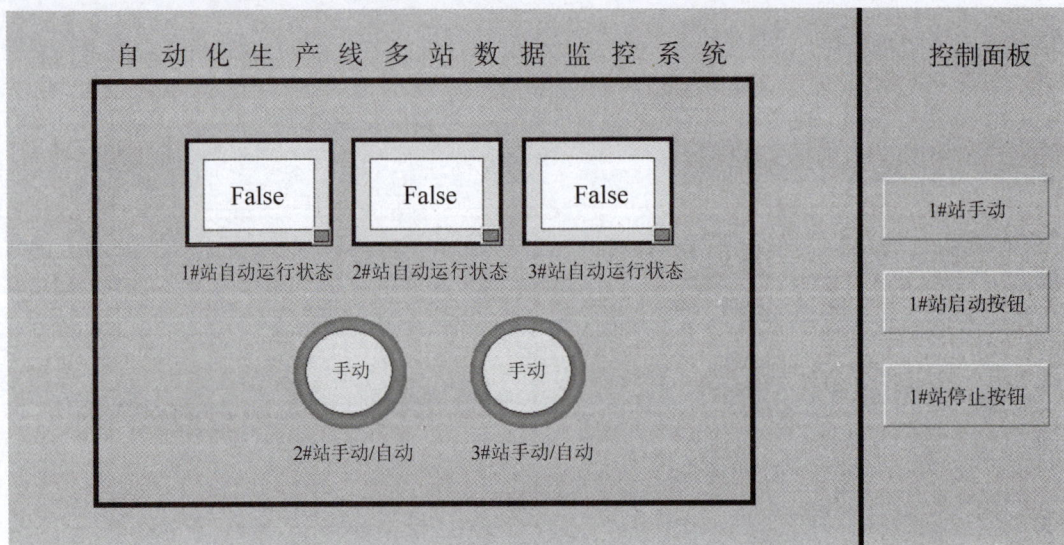

图 14-1　自动化生产线多站数据监控系统 1#站模拟示意图

手动/自动旋钮切换到手动/自动状态，3 种状态分别是手动状态、自动状态、自动运行状态（在自动状态下单击"1#站启动按钮"进入自动运行状态，单击"1#站停止按钮"退出自动运行状态），要求在 3 个站点中互相显示其他站点状态。

控制方式：只有 3 个站点都在自动运行状态下，每个站点按下启动按钮才能进入自动运行状态。

自动化生产线多站数据监控系统 2#站模拟示意图如图 14-2 所示。

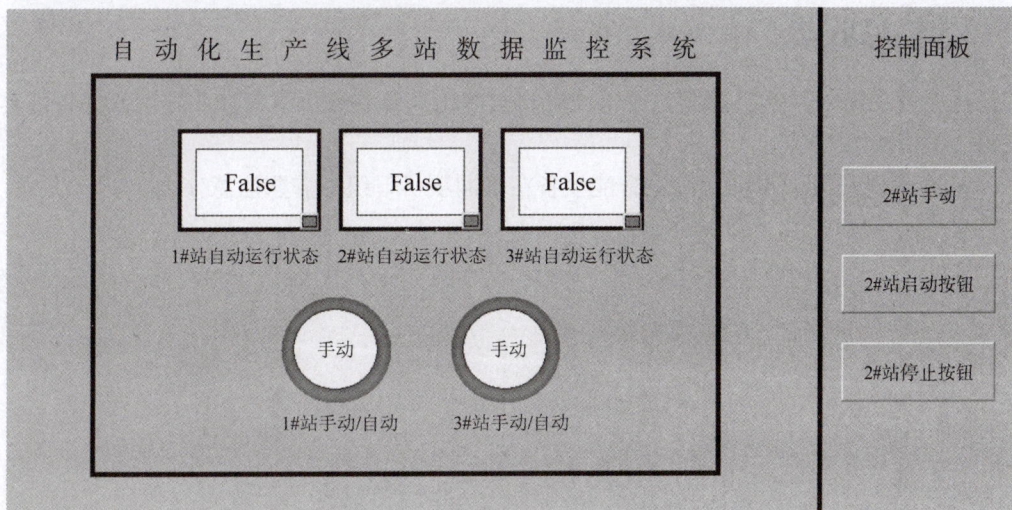

图 14-2　自动化生产线多站数据监控系统 2#站模拟示意图

自动化生产线多站数据监控系统 3#站模拟示意图如图 14-3 所示。

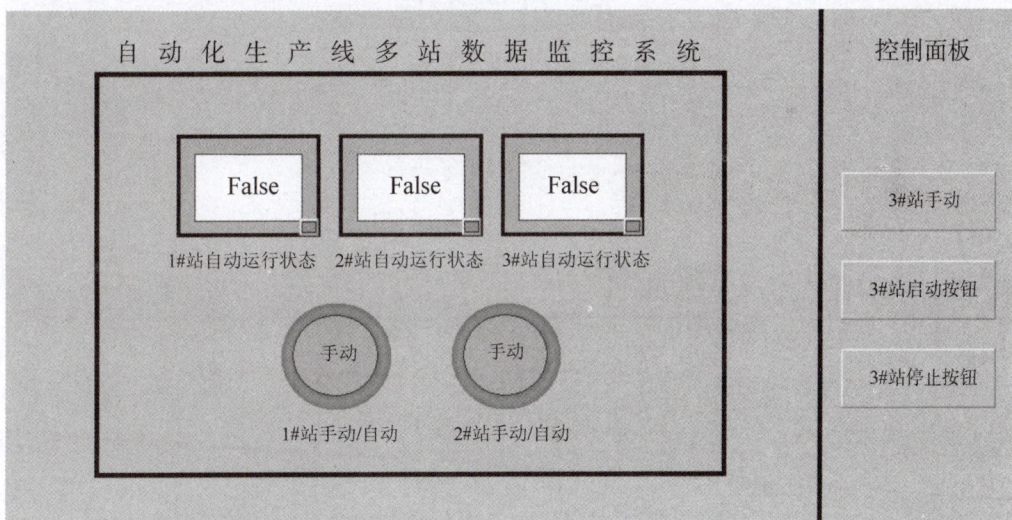

图 14-3　自动化生产线多站数据监控系统 3#站模拟示意图

3 个站点控制状态如表 14-1 所示。

表 14-1　3 个站控制状态表

1#站	2#站	3#站
1#站手动状态	2#站手动状态	3#站手动状态
1#站自动状态	2#站自动状态	3#站自动状态
1#站自动运行状态	2#站自动运行状态	3#站自动运行状态

【项目实施】

一、信息收集

通过专业书籍、网络、标准与规范或资料页等信息源获取以下信息和知识，并将内容补充完整。

（1）查询资料页或帮助，简述智能设备在不同项目下组态需要注意什么。

（2）工艺流程分析。

（3）根据工艺流程分析填写 I/O 分配表（3 个站点相同），如表 14-2 所示。

表 14-2　实训项目十四 I/O 分配表

输入点			
名称	数据类型	地址	备注
1#站启动按钮	Bool	DB114. DBX0. 0	1#站 PLC 变量
1#站停止按钮	Bool	DB114. DBX0. 1	1#站 PLC 变量
1#站手动	Bool	DB114. DBX0. 2	1#站 PLC 变量
2#站启动按钮	Bool	DB114. DBX4. 0	2#站 PLC 变量
2#站停止按钮	Bool	DB114. DBX4. 1	2#站 PLC 变量
2#站手动	Bool	DB114. DBX4. 2	2#站 PLC 变量
3#站启动按钮	Bool	DB114. DBX8. 0	3#站 PLC 变量
3#站停止按钮	Bool	DB114. DBX8. 1	3#站 PLC 变量
3#站手动	Bool	DB114. DBX8. 2	3#站 PLC 变量
输出点			
名称	数据类型	地址	备注
2#站手动/自动	Bool	DB114. DBX2. 0	1#站 PLC 变量
3#站手动/自动	Bool	DB114. DBX2. 1	1#站 PLC 变量
1#站自动运行状态	Bool	DB114. DBX2. 2	1#站 PLC 变量
2#站自动运行状态	Bool	DB114. DBX2. 3	1#站 PLC 变量
3#站自动运行状态	Bool	DB114. DBX2. 4	1#站 PLC 变量
1#站手动/自动	Bool	DB114. DBX6. 0	2#站 PLC 变量
3#站手动/自动	Bool	DB114. DBX6. 1	2#站 PLC 变量
1#站自动运行状态	Bool	DB114. DBX6. 2	2#站 PLC 变量
2#站自动运行状态	Bool	DB114. DBX6. 3	2#站 PLC 变量
3#站自动运行状态	Bool	DB114. DBX6. 4	2#站 PLC 变量
1#站手动/自动	Bool	DB114. DBX10. 0	3#站 PLC 变量
2#站手动/自动	Bool	DB114. DBX10. 1	3#站 PLC 变量
1#站自动运行状态	Bool	DB114. DBX10. 2	3#站 PLC 变量
2#站自动运行状态	Bool	DB114. DBX10. 3	3#站 PLC 变量
3#站自动运行状态	Bool	DB114. DBX10. 4	3#站 PLC 变量

四、实施任务

1. 绘制网络拓扑图

根据个人思路绘制网络拓扑图。

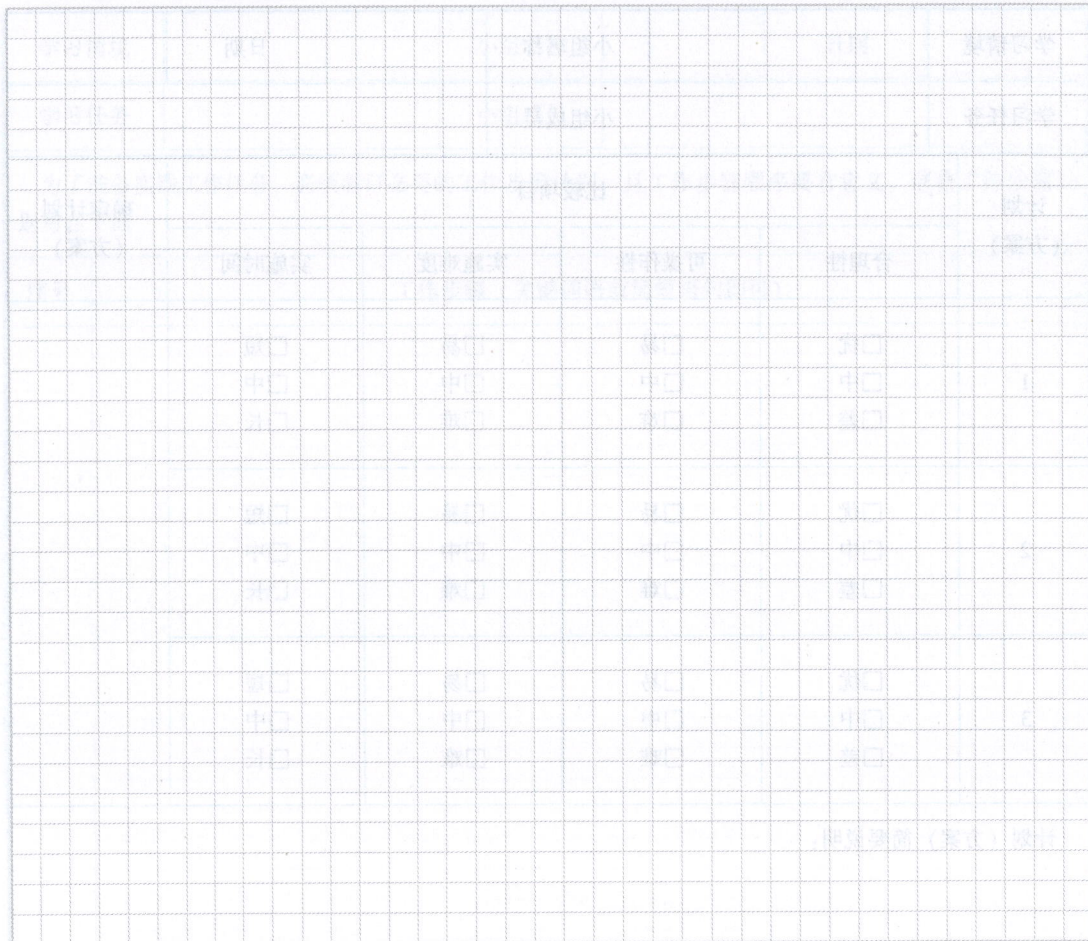

2. 设备检查

实训项目十四设备检查表如表14-5所示。

表14-5　实训项目十四设备检查表

检查表				
序号	检查工作	检测点	检测结果	备注
1	电源电压	Q_1 断路器	220 V	
2	24 V 控制电压	Q_2 断路器	24 V	
3	计算机与 PLC 通信是否成功	—	□是/□否	
4	触摸屏与 PLC 通信是否成功	—	□是/□否	
5	触摸屏与 PLC 点位对应是否正确	—	□是/□否	

3. 编写程序

根据顺序功能图编写程序，编写程序时使用决策中确定的方案。

在以下空白处填写程序架构搭建方式、编程思路、程序主体与程序编写中所遇到的问题等。

4. 程序调试

下载程序，进行调试，列出调试过程中出现的问题。

5. 功能测试

实训项目十四功能测试表如表14-6所示。

表14-6　实训项目十四功能测试表

功能测试表				
序号	检查工作	自评	教师	备注
1	三个站点是否建立连接	□是/□否	□是/□否	
2	操作1#站，切换状态查看其他两个站点显示是否正常	□是/□否	□是/□否	
3	操作2#站，切换状态查看其他两个站点显示是否正常	□是/□否	□是/□否	
4	操作3#站，切换状态查看其他两个站点显示是否正常	□是/□否	□是/□否	
5	测试1#站，要求只有在3个站点都在自动运行模式下才允许切换到自动运行状态，并查看其他站显示是否正常	□是/□否	□是/□否	
6	测试2#站，要求只有在3个站点都在自动运行模式下才允许切换到自动运行状态，并查看其他站显示是否正常	□是/□否	□是/□否	
7	测试3#站，要求只有在3个站点都在自动运行模式下才允许切换到自动运行状态，并查看其他站显示是否正常	□是/□否	□是/□否	

五、检测评估

实训项目十四自评互评表如表14-7所示。

表 14-7　实训项目十四自评互评表

自评互评表						
学习情境			学时			
学习任务			组长			
成员						
评价项目		评定标准	自评	互评	团队	教师
专业能力（49分）	安全操作	无违章操作，未发生安全事故 □优（0）　□中（-10）　□差（-20）				
	工作计划	计划合理、可操作性强 □优（7）　□中（4）　□差（2）				
	I/O 地址分配表	准确、无误 □优（6）　□中（4）　□差（2）				
	功能描述及网络拓扑图	描述清楚，网络搭建符合控制工艺要求 □优（8）　□中（5）　□差（2）				
	程序编制	程序运行可靠、无缺陷，能够实现预期的控制功能 □优（10）　□中（5）　□差（2）				
	程序调试	调试方法正确，工具仪器使用得当 □优（8）　□中（5）　□差（2）				
	功能实现	符合设计要求和工艺标准 □优（10）　□中（5）　□差（3）				
方法能力（30分）	独立学习的能力	在教师的指导下，借助学习资料，能够独立学习新知识和新技能，完成工作任务 □优（8）　□中（5）　□差（2）				
	分析并解决问题的能力	在教师的指导下，独立解决工作中出现的各种问题，顺利完成工作任务 □优（8）　□中（5）　□差（2）				
	获取信息能力	通过网络、专业书籍、技术手册等获取信息，整理资料，获取所需知识 □优（7）　□中（4）　□差（2）				
	整体工作能力	根据工作任务，制订、实施工作计划，进行工作过程和产品质量的控制与管理 □优（7）　□中（4）　□差（2）				

续表

评价项目		评定标准	自评	互评	团队	教师
社会能力（21分）	团队协作和沟通能力	工作过程中，团队成员之间相互沟通与协商，具备良好的群体意识，通力合作，圆满完成工作任务 □优（7）　□中（5）　□差（3）				
	工作任务的组织管理能力	能完成工作过程组织与管理，与相关人员协作，注意劳动安全 □优（7）　□中（5）　□差（3）				
	工作责任心与职业道德	具备良好的工作责任心、社会责任心、群体意识和职业道德 □优（7）　□中（4）　□差（2）				
小计						
总分（自评×15%＋互评×15%＋团队×30%＋教师×40%）						

评语：

学生		教师		日期	

六、项目交付

实训项目十四交付单如表 14-8 所示。

表 14-8　实训项目十四交付单

项目交付单			
项目名称		学生	
工作时间		完成时间	
工作地点		检验教师	
编程思路与体会			
程序缺陷与改进分析			
程序缺陷		改进分析	
项目评价			

资料页

智能设备在不同项目下的组态

1. 创建 TIA Portal 项目并进行接口参数配置

分别创建两个不同项目，选择各个设备"以太网地址"命令，然后分别设置子网、IP地址及 PROFINET 设备名称，如图 14-4 所示。

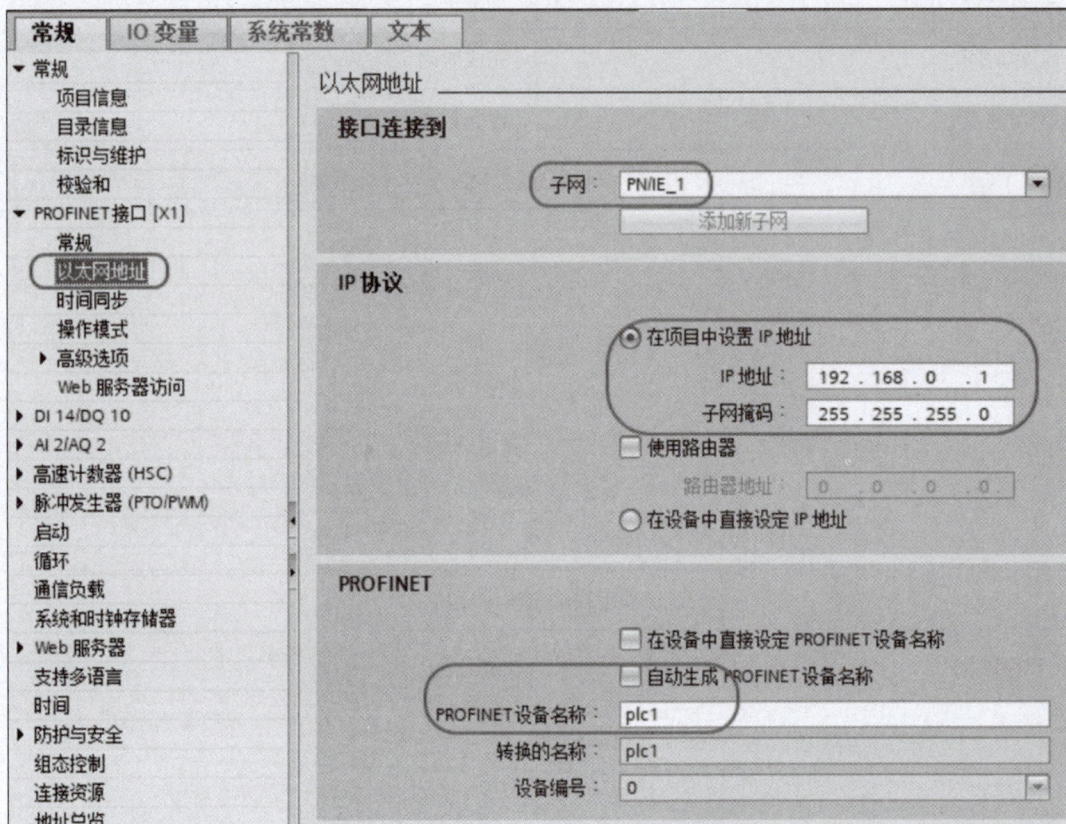

图 14-4　智能设备在不同项目下的地址配置

2. 操作模式配置

智能设备在不同项目下的操作模式配置与相同项目下操作模式的配置所不同的是，I/O控制器的地址需要在主站项目下才能分配，如图 14-5 所示。

此外，如果不勾选"PN 接口的参数由上位 I/O 控制器进行分配"复选框，可指定在上位 I/O 控制器的项目中设置智能设备的更新时间、看门狗时间、伙伴端口、拓扑等功能。

如果勾选"PN 接口的参数由上位 I/O 控制器进行分配"复选框，可指定在上位 I/O 控制器的项目中设置介质冗余、优先启动、传输速率等接口和端口的几乎所有功能。

3. 项目编译后导出 GSD 文件

项目导出 GSD 文件之前需要正确编译项目的硬件配置，不然导出选项就是灰色的，无法选择。其导出过程如图 14-6 所示。

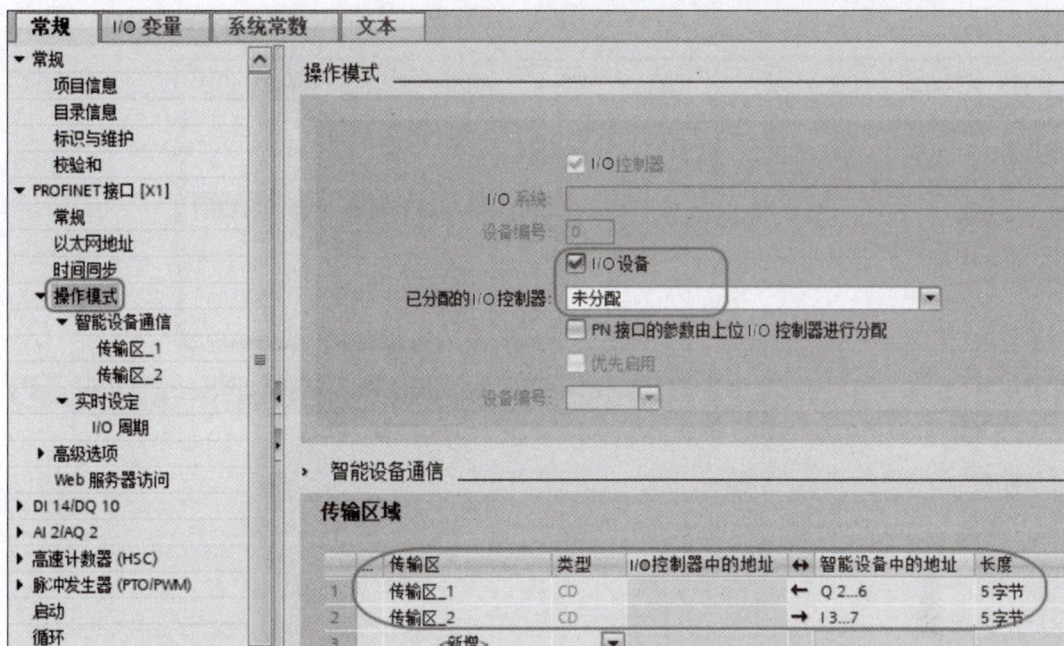

图 14-5　智能设备在不同项目下的操作模式配置

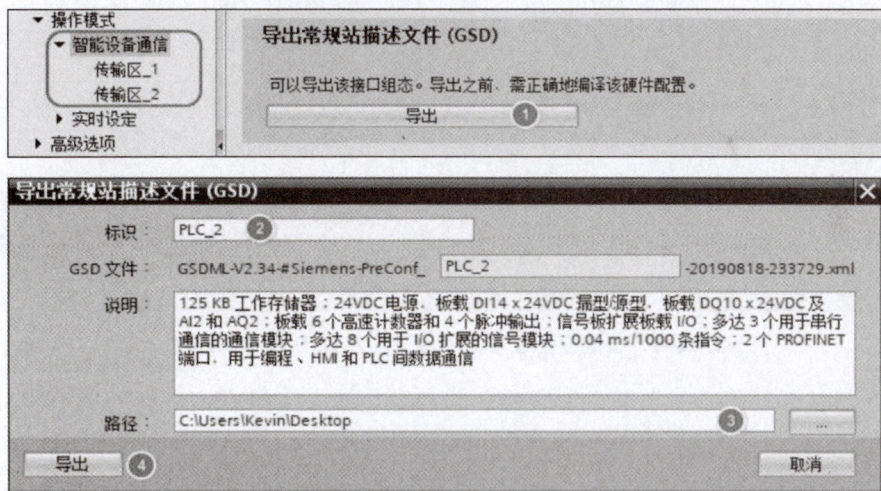

图 14-6　智能设备在不同项目下导出 GSD 文件的过程

4. 导入 GSD 文件

进入主站项目管理 GSD 文件视图，选择存储 GSD 文件源路径，在路径下选择需要安装的文件进行安装。智能设备在不同项目下导入 GSD 文件的过程如图 14-7 所示。

5. 添加智能 I/O 设备

进入硬件目录，在其他现场设备列表中找到安装的智能 I/O 设备并添加，添加完成后进入图 14-4 所示的以太网地址配置视图，检查智能 I/O 设备的设备名称是否与源项目中名称一致（注意一定要保证名称一致），检查无误后分配给控制器，例如，设备概览视图，分配给控制器后会自动分配地址，也可以手动设置控制器侧传输区地址，如图 14-8 所示。

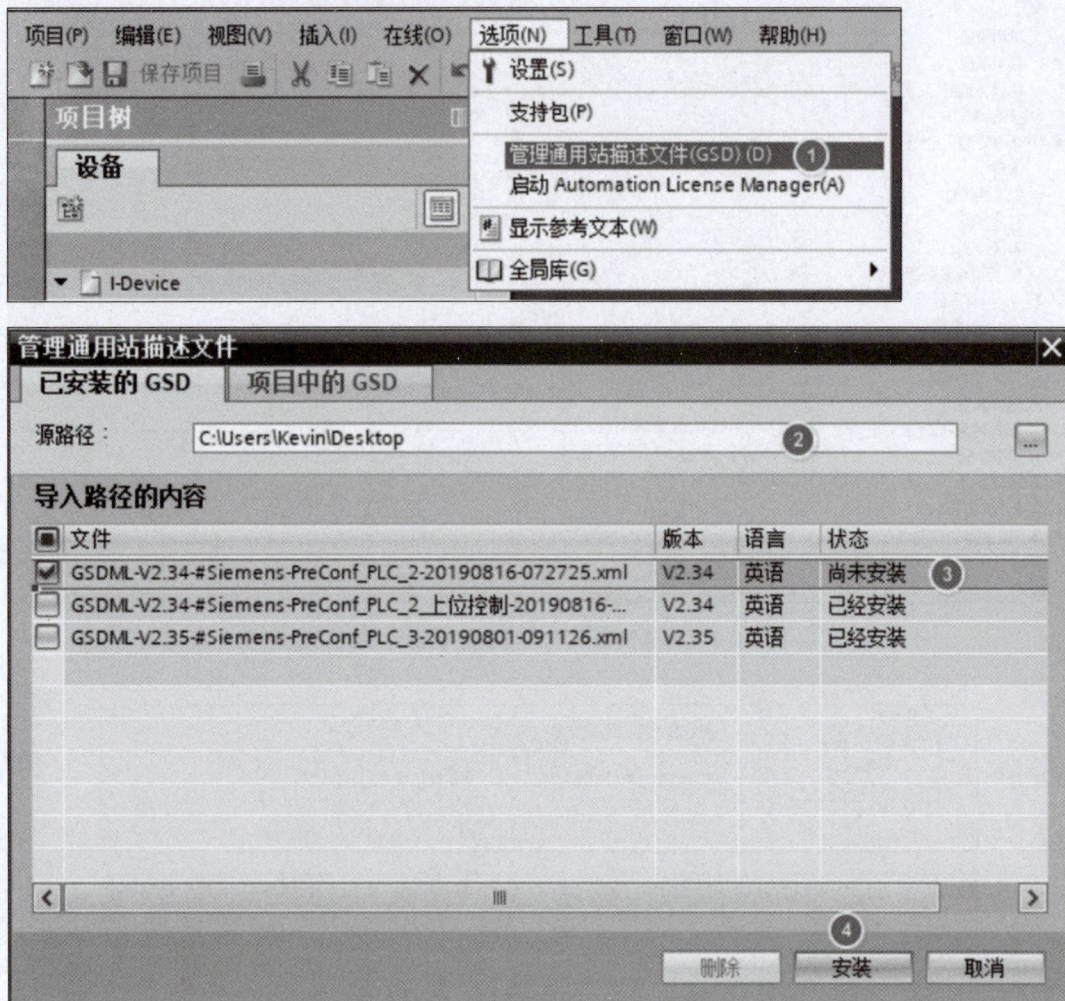

图 14-7　智能设备在不同项目下导入 GSD 文件的过程

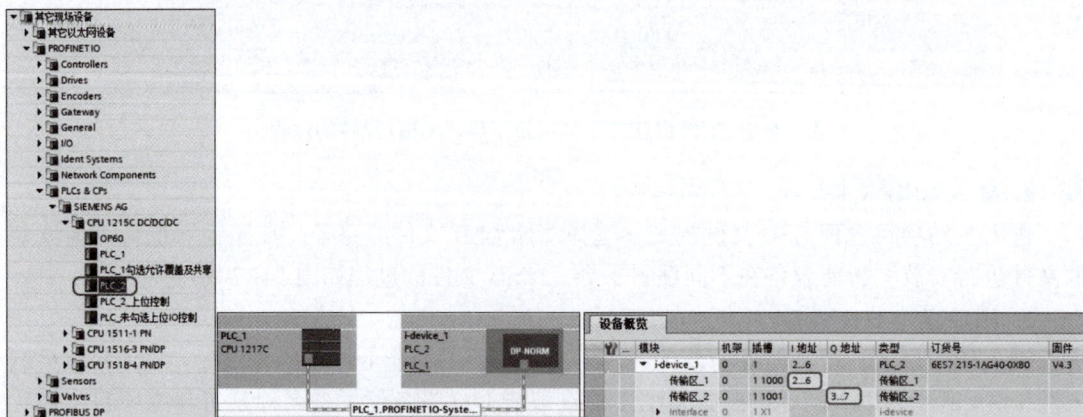

图 14-8　智能 I/O 设备的添加

6. 项目编译、下载、测试

分别编译下载两个项目中的 PLC，在监控表中添加传输区数据，给 Q 区赋值，监控发送和接收数据区是否一致。智能设备的实验测试结果如图 14-9 所示。

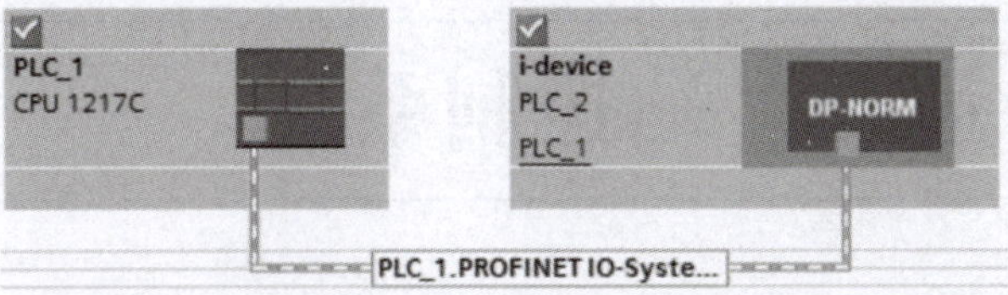

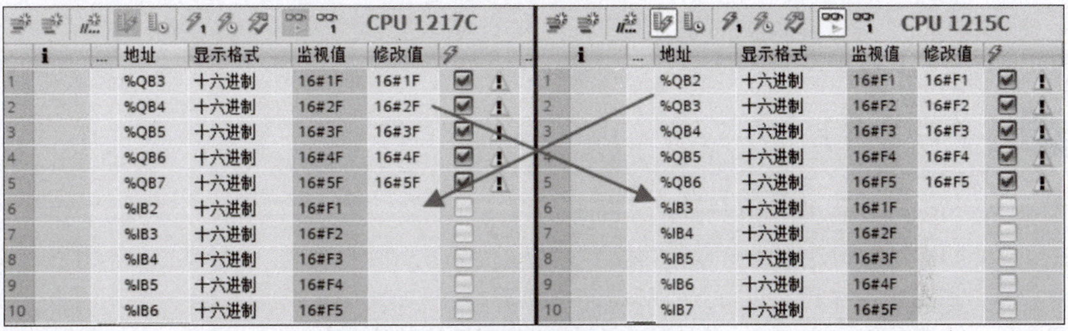

	i	...	地址	显示格式	监视值	修改值	🕹			i	...	地址	显示格式	监视值	修改值	🕹	
					CPU 1217C									CPU 1215C			
1			%QB3	十六进制	16#1F	16#1F	☑	!	1			%QB2	十六进制	16#F1	16#F1	☑	!
2			%QB4	十六进制	16#2F	16#2F	☑	!	2			%QB3	十六进制	16#F2	16#F2	☑	!
3			%QB5	十六进制	16#3F	16#3F	☑	!	3			%QB4	十六进制	16#F3	16#F3	☑	!
4			%QB6	十六进制	16#4F	16#4F	☑	!	4			%QB5	十六进制	16#F4	16#F4	☑	!
5			%QB7	十六进制	16#5F	16#5F	☑	!	5			%QB6	十六进制	16#F5	16#F5	☑	!
6			%IB2	十六进制	16#F1		☐		6			%IB3	十六进制	16#1F		☐	
7			%IB3	十六进制	16#F2		☐		7			%IB4	十六进制	16#2F		☐	
8			%IB4	十六进制	16#F3		☐		8			%IB5	十六进制	16#3F		☐	
9			%IB5	十六进制	16#F4		☐		9			%IB6	十六进制	16#4F		☐	
10			%IB6	十六进制	16#F5		☐		10			%IB7	十六进制	16#5F		☐	

图 14-9　智能设备的实验测试结果

实训项目十五 厂房通风多站控制系统

◎【学习目标】

（1）精通设备 IP 地址的分配。

（2）精通网络拓扑图的绘制方法。

（3）独立对多台 PLC 进行 S7 连接。

（4）正确使用 PUT/GET 指令，通过 S7 连接对数据读取/写入。

◎【建议学时】

8 学时。

◎【情景描述】

厂房通风多站控制系统主站模拟示意图如图 15-1 所示。

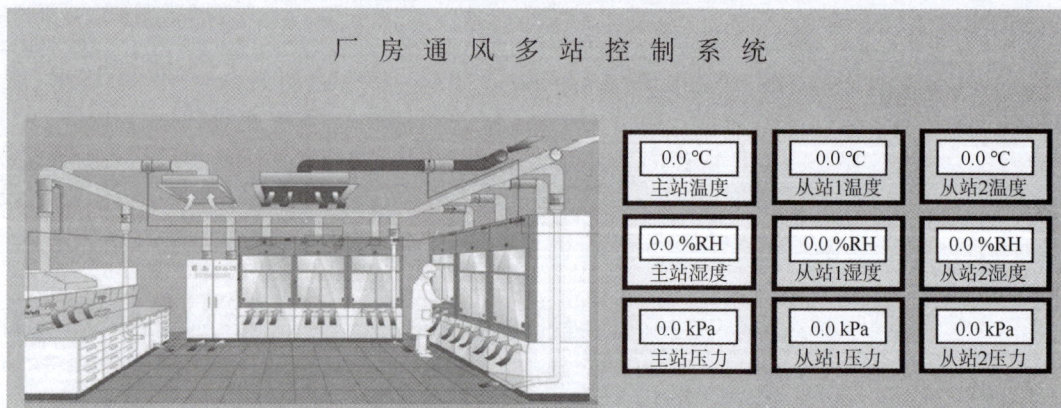

图 15-1　厂房通风多站控制系统主站模拟示意图

厂房通风多站控制系统从站 1 模拟示意图如图 15-2 所示。

厂房通风多站控制系统从站 2 模拟示意图如图 15-3 所示。

要求：主站采集其他两台从站的温度、湿度、压力 3 组参数并显示在主站触摸屏上。

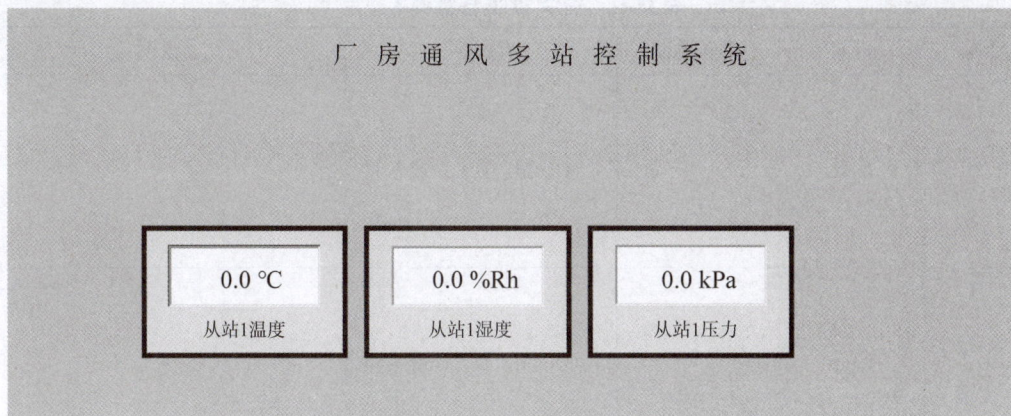

图 15-2 厂房通风多站控制系统从站 1 模拟示意图

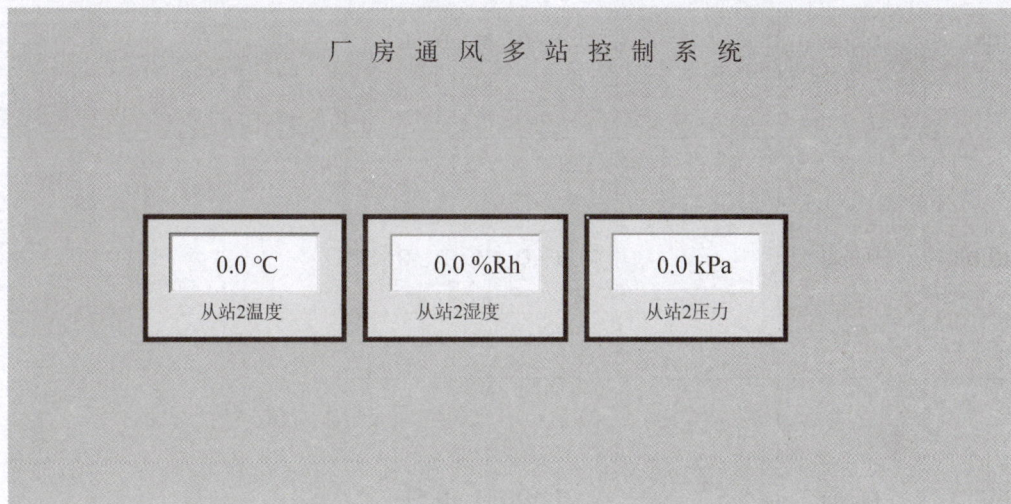

图 15-3 厂房通风多站控制系统从站 2 模拟示意图

【项目实施】

一、信息收集

通过专业书籍、网络、标准与规范或资料页等信息源获取以下信息和知识，并将内容补充完整。

（1）查询资料页或帮助，补充指令的管脚作用，如表 15-1 和表 15-2 所示。

表 15-1　指令 PUT 各管脚的作用

参数	声明	数据类型	存储区	说明
REQ	Input		I、Q、M、D、L 或常量	
ID	Input		I、Q、M、D、L 或常量	
DONE	Output		I、Q、M、D、L	
ERROR	Output		I、Q、M、D、L	
STATUS	Output		I、Q、M、D、L	
ADDR_1 ADDR_2 ADDR_3 ADDR_4	InOut		I、Q、M、D、L	
SD_1 SD_2 SD_3 SD_4	InOut		I、Q、M、D、L	

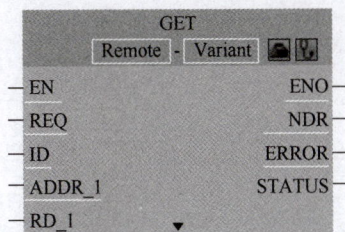

```
                    GET
        Remote  -  Variant    🖵 ⚓
    — EN                        ENO —
    — REQ                       NDR —
    — ID                      ERROR —
    — ADDR_1                  STATUS —
    — RD_1            ▼
```

表 15-2　指令 GET 部分管脚的作用

参数	声明	数据类型	存储区	说明
ADDR_1 ADDR_2 ADDR_3 ADDR_4	InOut		I、Q、M、D、L	
SD_1 SD_2 SD_3 SD_4	InOut		I、Q、M、D、L	

（2）简述在进行 S7 连接时需要注意的事项。

（3）工艺流程分析。

（4）根据工艺流程分析填写I/O分配表，如表15-3所示。

表15-3　实训项目十五I/O分配表

输入点			
名称	数据类型	地址	备注
主站温度	Real	DB101. DBD24	主站变量
主站湿度	Real	DB101. DBD28	主站变量
主站压力	Real	DB101. DBD32	主站变量
从站1温度	Real	DB101. DBD36	主站变量
从站1湿度	Real	DB101. DBD40	主站变量
从站1压力	Real	DB101. DBD44	主站变量
从站2温度	Real	DB101. DBD48	主站变量
从站2湿度	Real	DB101. DBD52	主站变量
从站2压力	Real	DB101. DBD56	主站变量
从站1温度	Real	DB101. DBD60	从站1变量
从站1湿度	Real	DB101. DBD64	从站1变量
从站1压力	Real	DB101. DBD68	从站1变量
从站2温度	Real	DB101. DBD72	从站2变量
从站2湿度	Real	DB101. DBD76	从站2变量
从站2压力	Real	DB101. DBD80	从站2变量

二、制订计划

制订计划并填写表 15-4 所示的计划表。

表 15-4　计划表

学习情境		小组名称		日期	
学习任务		小组成员			

为了准备实践工作任务，必须制订必要的工作步骤计划，且工作步骤顺序要有意义。请将工作步骤计划写在下面

序号	工作步骤（关键词语或简短语句即可）

三、做出决策

做出决策并填写表15-5所示的决策表。

表15-5 决策表

学习情境		小组名称		日期	
学习任务		小组成员			

计划（方案）	比较项目				确定计划（方案）
	合理性	可操作性	实施难度	实施时间	
1	□优 □中 □差	□易 □中 □难	□易 □中 □难	□短 □中 □长	
2	□优 □中 □差	□易 □中 □难	□易 □中 □难	□短 □中 □长	
3	□优 □中 □差	□易 □中 □难	□易 □中 □难	□短 □中 □长	

计划（方案）简要说明：

组长		教师	

四、实施任务

1. 绘制网络拓扑图

根据个人思路绘制网络拓扑图。

2. 设备检查

实训项目十五设备检查表如表 15-6 所示。

表 15-6　实训项目十五设备检查表

检查表				
序号	检查工作	检测点	检测结果	备注
1	电源电压	Q_1 断路器	220 V	
2	24 V 控制电压	Q_2 断路器	24 V	
3	计算机与 PLC 通信是否成功	—	□是/□否	
4	触摸屏与 PLC 通信是否成功	—	□是/□否	
5	触摸屏与 PLC 点位对应是否正确	—	□是/□否	

3. 编写程序

根据顺序功能图编写程序，编写程序时使用决策中确定的方案。

在以下空白处填写程序架构搭建方式、编程思路、程序主体与程序编写中所遇到的问题等。

4. 程序调试

下载程序，进行调试，列出调试过程中出现的问题。

5. 功能测试

实训项目十五功能测试表如表 15-7 所示。

表 15-7　实训项目十五功能测试表

功能测试表				
序号	检查工作	自评	教师	备注
1	三个站点 S7 连接是否建立成功	□是/□否	□是/□否	
2	测试主站是否可以读取从站 1 的数据	□是/□否	□是/□否	
3	测试主站是否可以读取从站 2 的数据	□是/□否	□是/□否	

五、检测评估

实训项目十五自评互评表如表 15-8 所示。

表 15-8　实训项目十五自评互评表

自评互评表						
学习情境			学时			
学习任务			组长			
成员						
评价项目		评定标准	自评	互评	团队	教师
专业能力（49分）	安全操作	无违章操作，未发生安全事故 □优（0）　□中（-10）　□差（-20）				
	工作计划	计划合理、可操作性强 □优（7）　□中（4）　□差（2）				
	I/O 地址分配表	准确、无误 □优（6）　□中（4）　□差（2）				
	功能描述及网络拓扑图	描述清楚，网络搭建符合控制工艺要求 □优（8）　□中（5）　□差（2）				
	程序编制	程序运行可靠、无缺陷，能够实现预期的控制功能 □优（10）　□中（5）　□差（2）				
	程序调试	调试方法正确，工具仪器使用得当 □优（8）　□中（5）　□差（2）				
	功能实现	符合设计要求和工艺标准 □优（10）　□中（5）　□差（3）				
方法能力（30分）	独立学习的能力	在教师的指导下，借助学习资料，能够独立学习新知识和新技能，完成工作任务 □优（8）　□中（5）　□差（2）				

评价项目		评定标准	自评	互评	团队	教师
方法能力（30分）	分析并解决问题的能力	在教师的指导下，独立解决工作中出现的各种问题，顺利完成工作任务 □优（8）　□中（5）　□差（2）				
	获取信息能力	通过网络、专业书籍、技术手册等获取信息，整理资料，获取所需知识 □优（7）　□中（4）　□差（2）				
	整体工作能力	根据工作任务，制订、实施工作计划，进行工作过程和产品质量的控制与管理 □优（7）　□中（4）　□差（2）				
社会能力（21分）	团队协作和沟通能力	工作过程中，团队成员之间相互沟通与协商，具备良好的群体意识，通力合作，圆满完成工作任务 □优（7）　□中（5）　□差（3）				
	工作任务的组织管理能力	能完成工作过程组织与管理，与相关人员协作，注意劳动安全 □优（7）　□中（5）　□差（3）				
	工作责任心与职业道德	具备良好的工作责任心、社会责任心、群体意识和职业道德 □优（7）　□中（4）　□差（2）				
小计						
总分（自评×15%+互评×15%+团队×30%+教师×40%）						

评语：

学生		教师		日期	

六、项目交付

实训项目十五交付单如表 15-9 所示。

表 15-9　实训项目十五交付单

项目交付单			
项目名称		学生	
工作时间		完成时间	
工作地点		检验教师	
编程思路与体会			
程序缺陷与改进分析			
程序缺陷		改进分析	
项目评价			

资料页

S7 协议是 SIEMENS S7 系列产品之间通信使用的标准协议，其优点是通信双方无论是在同一 MPI 总线上、同一个 PROFIBUS 总线上或同一个工业以太网中，都可通过 S7 协议建立通信连接，使用相同的编程方式进行数据交换，而与使用何种总线或网络无关。S7 通信按组态方式可分为单边通信和双边通信，单边通信通常应用于以下情况。

（1）通信伙伴无法组态 S7 连接。

（2）通信伙伴不允许停机。

（3）不希望在通信伙伴侧增加通信组态和程序。

S7-1200 的 PROFINET 接口可以做 S7 通信的服务器端或客户端。S7-1200 支持 S7 单边通信，仅需在客户端单边组态连接和编程，而服务器端只准备好通信的数据即可。

S7-1200 CPU Clinet 将通信数据区 DB1 中的 10 B 的数据发送到 S7-1200 CPU Server 的接收数据区 DB1 中。

S7-1200 CPU Clinet 将 S7-1200 CPU Server 发送数据区 DB2 中的 10 B 的数据读到 S7-1200 CPU Clinet 的接收数据区 DB2 中。

（一）S7 连接操作步骤

（1）创建一个新项目，并通过"添加新设备"命令组态 S7-1200 站，设置主站为 Client，IP 地址为 192.168.0.10；接着组态另一个 S7-1200 站，设置从站为 Server，IP 地址为 192.168.0.12，如图 15-4 所示。

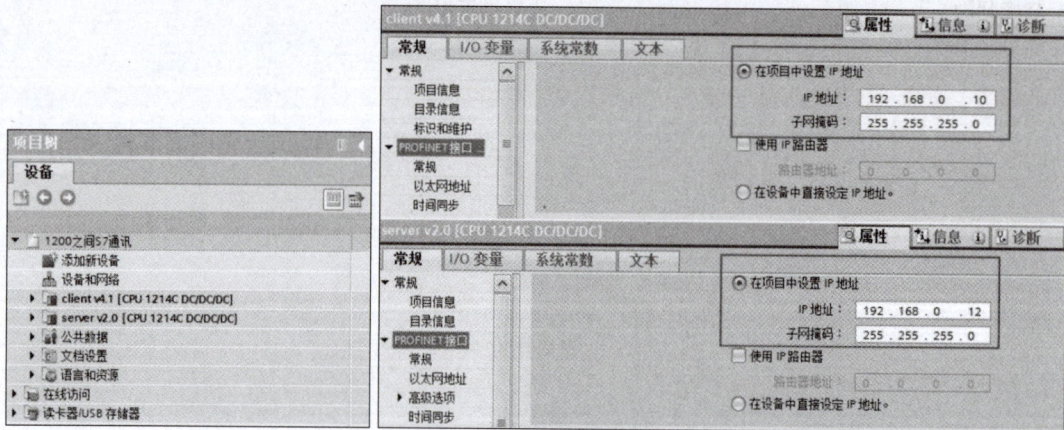

图 15-4　S7 连接操作步骤（1）

（2）在主站建立两个交互的 DB，如图 15-5 所示。

（3）在从站建立两个交互的 DB，如图 15-6 所示。

（4）用来通信的 DB 设定为优化的 DB，即勾选"优化的块访问"复选框，如图 15-7 所示。

（5）拖动指令，建立连接并进行配置，如图 15-8 所示。

图 15-5　S7 连接操作步骤（2）

图 15-6　S7 连接操作步骤（3）

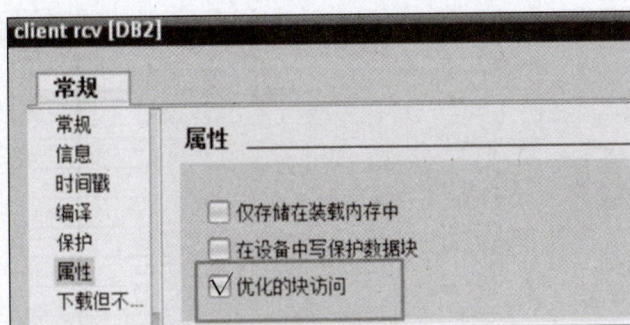

图 15-7　S7 连接操作步骤（4）

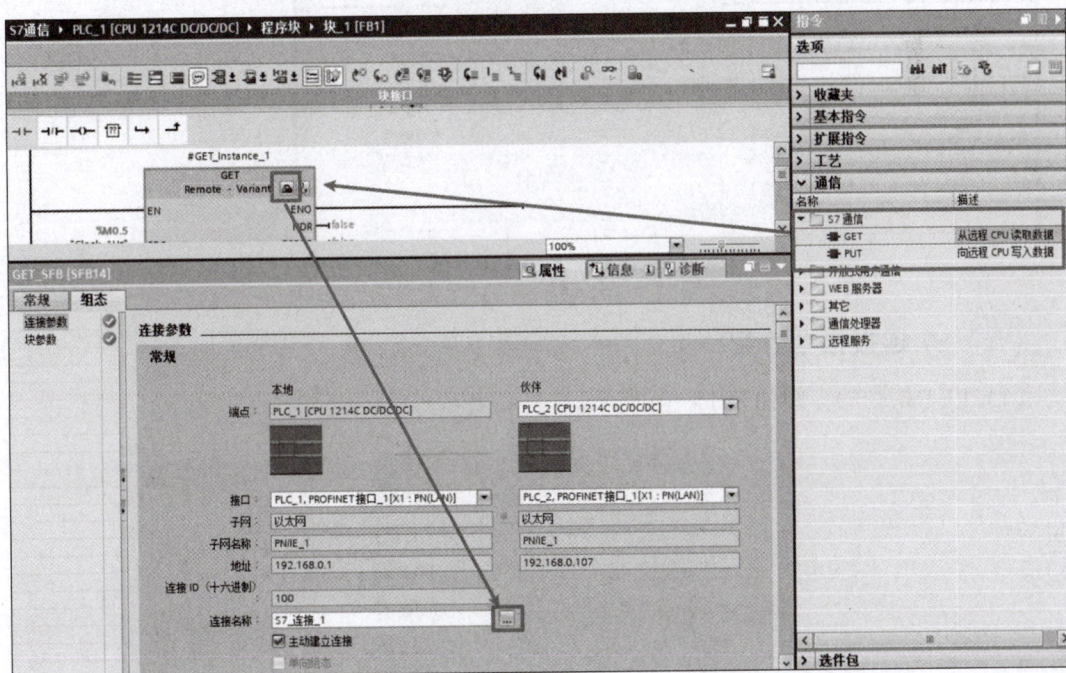

图 15-8　S7 连接操作步骤（5）

（6）按照图 15-9 所示的程序段 1 和程序段 2，进行程序的编写。

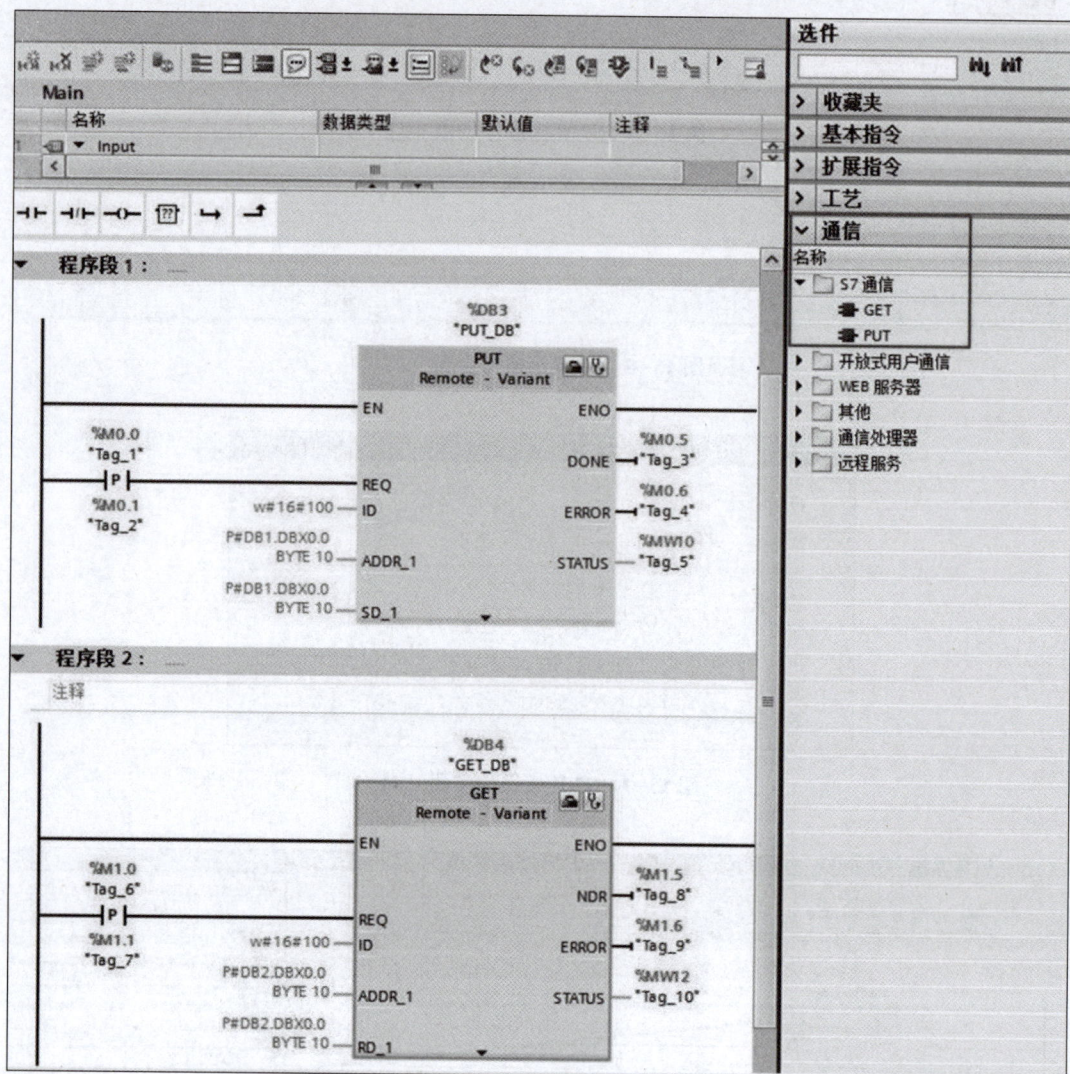

图 15-9　S7 连接操作步骤（6）

（二）S7 连接指令介绍

（1）PUT 指令的介绍如表 15-10 所示。

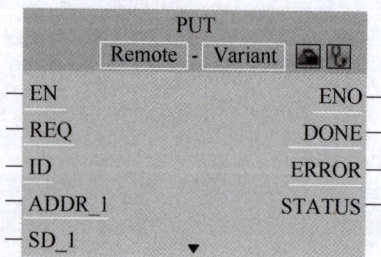

表 15-10　PUT 指令的介绍

参数	声明	数据类型	存储区	说明
REQ	Input	Bool	I、Q、M、D、L 或常量	控制参数 Request，在上升沿时激活数据交换功能
ID	Input	Word	I、Q、M、D、L 或常量	用于指定与伙伴 CPU 连接的寻址参数
DONE	Output	Bool	I、Q、M、D、L	状态参数 DONE 如下。 0：作业尚未开始或仍在运行。 1：作业已成功完成
ERROR	Output	Bool	I、Q、M、D、L	状态参数 ERROR 和 STATUS，错误代码如下。 ERROR=0： STATUS 的值为 0000H，表示既无警告也无错误； STATUS 的值不等于 0000H，表示警告，详细信息请参见 STATUS。
STATUS	Output	Bool	I、Q、M、D、L	ERROR=1： 出错，STATUS 提供了有关错误类型的详细信息
ADDR_1 ADDR_2 ADDR_3 ADDR_4	InOut	Remote	I、Q、M、D、L	指向伙伴 CPU 上用于写入数据的区域的指针。 指针 Remote 访问某个 DB 时，必须始终指定该 DB。 示例：P#DB10.DBX5.0 BYTE 10。 传送数据结构（如 Struct）时，参数 ADDR_i 处必须使用数据类型 Char
SD_1 SD_2 SD_3 SD_4	InOut	Variant	I、Q、M、D、L	指向本地 CPU 上包含要发送数据的区域的指针。 仅支持 Bool、Byte、Char、Word、Int、DWord、DInt 和 Real 数据类型

（2）GET 指令的介绍如表 15-11 所示。

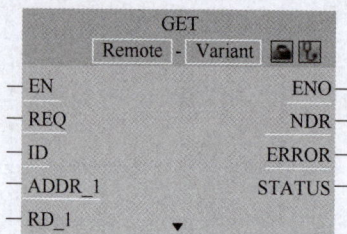

表 15-11　GET 指令的介绍

参数	声明	数据类型	存储区	说明
REQ	Input	Bool	I、Q、M、D、L 或常量	控制参数 Request，在上升沿时激活数据交换功能
ID	Input	Word	I、Q、M、D、L 或常量	用于指定与伙伴 CPU 连接的寻址参数
NDR	Output	Bool	I、Q、M、D、L	状态参数 NDR 如下。0：作业尚未开始或仍在运行。1：作业已成功完成
ERROR	Output	Bool	I、Q、M、D、L	状态参数 ERROR 和 STATUS，错误代码如下。ERROR＝0：STATUS 的值为 0000H，表示既无警告也无错误；
STATUS	Output	Bool	I、Q、M、D、L	STATUS 的值不等于 0000H，表示警告，详细信息请参见 STATUS。ERROR＝1：出错，STATUS 提供了有关错误类型的详细信息
ADDR_1 ADDR_2 ADDR_3 ADDR_4	InOut	Remote	I、Q、M、D、L	指向伙伴 CPU 上待读取区域的指针。指针 Remote 访问某个 DB 时，必须始终指定该 DB。示例：P#DB10.DBX5.0 BYTE 10
SD_1 SD_2 SD_3 SD_4	InOut	Variant	I、Q、M、D、L	指向本地 CPU 上用于输入已读数据的区域的指针